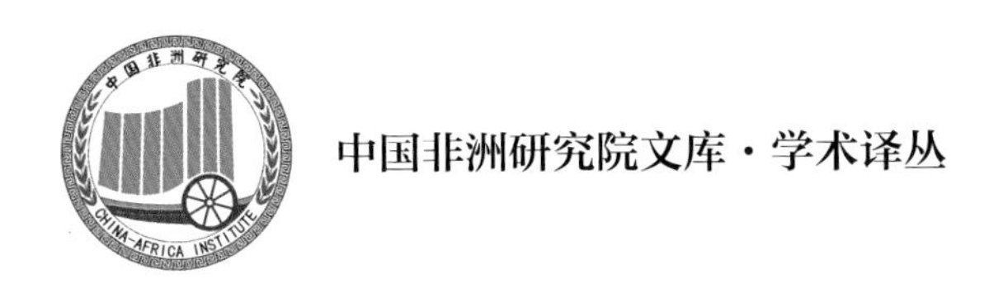

非洲：

一个矿产资源出奇富饶的大洲

L'Afrique,
un continent aux ressources minières exceptionnelles

[科特] 阿贝尔·雷诺·埃巴 /著
(Abel Renaud EBA)
游滔 /译

中国社会科学出版社

图字：01－2022－0094 号

图书在版编目（CIP）数据

非洲：一个矿产资源出奇富饶的大洲 /（科特）阿贝尔·雷诺·埃巴著；游滔译. -- 北京：中国社会科学出版社，2024. 8. --（中国非洲研究院文库）.
ISBN 978－7－5227－3923－6

Ⅰ. P624. 6；F440. 61

中国国家版本馆 CIP 数据核字第 2024TH5187 号

5－7，rue de l'École-Polytechnique，75005 Paris
www. editions-harmattan. fr

出 版 人　赵剑英
责任编辑　范晨星
责任校对　夏慧萍
责任印制　李寡寡

出　　版　中国社会科学出版社
社　　址　北京鼓楼西大街甲 158 号
邮　　编　100720
网　　址　http：//www. csspw. cn
发 行 部　010－84083685
门 市 部　010－84029450
经　　销　新华书店及其他书店

印　　刷　北京君升印刷有限公司
装　　订　廊坊市广阳区广增装订厂
版　　次　2024 年 8 月第 1 版
印　　次　2024 年 8 月第 1 次印刷

开　　本　710×1000　1/16
印　　张　17. 5
字　　数　228 千字
定　　价　88. 00 元

《中国非洲研究院文库》编委会名单

充分发挥智库作用　助力中非友好合作

——《中国非洲研究院文库总序言》

当前，世界之变、时代之变、历史之变正以前所未有的方式展开。一方面，和平、发展、合作、共赢的历史潮流不可阻挡，人心所向、大势所趋决定了人类前途终归光明。另一方面，恃强凌弱、巧取豪夺、零和博弈等霸权霸道霸凌行径危害深重，和平赤字、发展赤字、治理赤字加重，人类社会面临前所未有的挑战。

作为世界上最大的发展中国家，中国始终是世界和平的建设者、国际秩序的维护者、全球发展的贡献者。非洲是发展中国家最集中的大陆，是维护世界和平、促进全球发展的重要力量之一。在世界又一次站在历史十字路口的关键时刻，中非双方比以往任何时候都更需要加强合作、共克时艰、携手前行，共同推动构建人类命运共同体。

中国和非洲都拥有悠久灿烂的古代文明，都曾走在世界文明的前列，是世界文明百花园的重要成员。双方虽相距万里之遥，但文明交流互鉴的脚步从未停歇。进入 21 世纪，特别是中共十八大以来，中非文明交流互鉴迈入新阶段。中华文明和非洲文明都孕育和彰显出平等相待、相互尊重、和谐相处等重要理念，深化中非文明互鉴，增强对彼此历史和文明的理解认知，共同讲好中非友好合作故事，为新时代中非友好合作行稳致远汲取历史养分、夯实思想根基。

中国式现代化，是中国共产党领导的社会主义现代化，既有各国现代化的共同特征，更有基于自己国情的中国特色。中国式现代化，深深植根于中华优秀传统文化，体现科学社会主义的先进本质，借鉴吸收一切人类优秀文明成果，代表人类文明进步的发展方向，展现了不同于西方现代化模式的新图景，是一种全新的人类文明形态。中国式现代化的新图景，为包括非洲国家在内的广大发展中国家发展提供了有益参考和借鉴。近年来，非洲在自主可持续发展、联合自强道路上取得了可喜进步，从西方眼中“没有希望的大陆”变成了“充满希望的大陆”，成为“奔跑的雄狮”。非洲各国正在积极探索适合自身国情的发展道路，非洲人民正在为实现《2063年议程》与和平繁荣的“非洲梦”而努力奋斗。中国坚定支持非洲国家探索符合自身国情的发展道路，愿与非洲兄弟共享中国式现代化机遇，在中国全面建设社会主义现代化国家新征程上，以中国的新发展为非洲和世界提供发展新机遇。

中国与非洲传统友谊源远流长，中非历来是命运共同体。中国高度重视发展中非关系，2013年3月，习近平担任国家主席后首次出访就选择了非洲；2018年7月，习近平连任国家主席后首次出访仍然选择了非洲；6年间，习近平主席先后4次踏上非洲大陆，访问坦桑尼亚、南非、塞内加尔等8国，向世界表明中国对中非传统友谊倍加珍惜，对非洲和中非关系高度重视。在2018年中非合作论坛北京峰会上，习近平主席指出：“中非早已结成休戚与共的命运共同体。我们愿同非洲人民心往一处想、劲往一处使，共筑更加紧密的中非命运共同体，为推动构建人类命运共同体树立典范。”2021年中非合作论坛第八届部长级会议上，习近平主席首次提出了“中非友好合作精神”，即“真诚友好、平等相待，互利共赢、共同发展，主持公道、捍卫正义，顺应时势、开放包容”。这是对中非友好合作丰富内涵的高度概括，是中非双方在争取民族独立和国家解放的历史进程中培育的宝贵财富，是中非双方在发展振兴和团结协作的伟大征程上形成的重要风范，体现了友好、平等、共赢、正义的鲜明特征，是新型国际关系的时代标杆。

随着中非合作蓬勃发展，国际社会对中非关系的关注度不断提高。一方面，震惊于中国在非洲影响力的快速上升；一方面，忧虑于自身在非洲影响力的急速下降，西方国家不时泛起一些肆意抹黑、诋毁中非关系的奇谈怪论，诸如“新殖民主义论”“资源争夺论”“中国债务陷阱论”等，给发展中非关系带来一定程度的干扰。在此背景下，学术界加强对非洲和中非关系的研究，及时推出相关研究成果，提升中非双方的国际话语权，展示中非务实合作的丰硕成果，客观积极地反映中非关系良好发展，向世界发出中国声音，显得日益紧迫和重要。

以习近平新时代中国特色社会主义思想为指导，中国社会科学院努力建设马克思主义理论阵地，发挥为党和国家决策服务的思想库作用，努力为构建中国特色哲学社会科学学科体系、学术体系、话语体系作出新的更大贡献，不断增强我国哲学社会科学的国际影响力。中国社会科学院西亚非洲研究所是遵照毛泽东主席指示成立的区域性研究机构，长期致力于非洲问题和中非关系研究，基础研究和应用研究双轮驱动，融合发展。

以西亚非洲研究所为主体于 2019 年 4 月成立的中国非洲研究院，是习近平主席在中非合作论坛北京峰会上宣布的加强中非人文交流行动的重要举措。自西亚非洲研究所及至中国非洲研究院成立以来，出版和发表了大量论文、专著和研究报告，为国家决策部门提供了大量咨询报告，在国内外的影响力不断扩大。遵照习近平主席致中国非洲研究院成立贺信精神，中国非洲研究院的宗旨是：汇聚中非学术智库资源，深化中非文明互鉴，加强中非治国理政和发展经验交流，为中非和中非同其他各方的合作集思广益、建言献策，为中非携手推进“一带一路”高质量发展、共同建设面向未来的中非全面战略合作伙伴关系、构筑更加紧密的中非命运共同体提供智力支持和人才支撑。

中国非洲研究院有四大功能：一是发挥交流平台作用，密切中非学术交往。办好三大讲坛、三大论坛、三大会议。三大讲坛包括“非洲讲坛”“中国讲坛”“大使讲坛”，三大论坛包括“非洲留学生论坛”“中非学术翻译论坛”“大航海时代与21世纪海峡两岸学术论坛”，三大会议包括“中非文明对话大会”“《（新编）中国通史》和《非洲通史（多卷本）》比较研究国际研讨会”“中国非洲研究年会”。二是发挥研究基地作用，聚焦共建“一带一路”。开展中非合作研究，对中非共同关注的重大问题和热点问题进行跟踪研究，定期发布研究课题及其成果。三是发挥人才高地作用，培养高端专业人才。开展学历学位教育，实施中非学者互访项目，扶持青年学者和培养高端专业人才。四是发挥传播窗口作用，讲好中非友好故事。办好中国非洲研究院微信公众号，办好中英文中国非洲研究院网站，创办多语种《中国非洲学刊》。

为贯彻落实习近平主席的贺信精神，更好汇聚中非学术智库资源，团结非洲学者，引领中国非洲研究队伍提高学术水平和创新能力，推动相关非洲学科融合发展，推出精品力作，同时重视加强学术道德建设，中国非洲研究院面向全国非洲研究学界，坚持立足中国，放眼世界，特设“中国非洲研究院文库”。“中国非洲研究院文库”坚持精品导向，由相关部门领导与专家学者组成的编辑委员会遴选非洲研究及中非关系研究的相关成果，并统一组织出版。文库下设五大系列丛书：“学术著作”系列重在推动学科建设和学科发展，反映非洲发展问题、发展道路及中非合作等某一学科领域的系统性专题研究或国别研究成果；“学术译丛”系列主要把非洲学者以及其他方学者有关非洲问题研究的学术著作翻译成中文出版，特别注重全面反映非洲本土学者的学术水平、学术观点和对自身发展问题的见识；“智库报告”系列以中非关系为研究主线，中非各领域合作、国别双边关系及中国与其他国际角色在非洲的互动关系为支撑，客观、准确、翔实地反映中非合作的现状，为新时代中非关系顺利发展提供对策建议；“研究论丛”系列基于国际格局新变化、中国特色社会主义进入新时代，集结中国专家学者研究非洲政治、经济、安全、社会发展等方面的重大问题和非洲国际关系的创新性学术论文，具有基础性、系统性和标志性研究成果的特点；“年鉴”系列是连续出版的资料性文献，分中英文两种版本，设有“重要文献”“热点聚焦”“专题特稿”“研究综述”“新书选介”“学刊简介”“学术机构”“学术动态”“数据统计”“年度大事”等栏目，系统汇集每年度非洲研究的新观点、新动态、新成果。

期待中国的非洲研究和非洲的中国研究在中国非洲研究院成立新的历史起点上，凝聚国内研究力量，联合非洲各国专家学者，开拓进取，勇于创新，不断推进我国的非洲研究和非洲的中国研究以及中非关系研究，从而更好地服务于中非高质量共建“一带一路”，助力新时代中非友好合作全面深入发展，推动构建更加紧密的中非命运共同体。

中国非洲研究院
2023 年 7 月

目　　录

致　辞

致所有我为之写下这部论著的非洲人民，本书是为了宣告这片大陆仍会产生美好的事物。亲爱的非洲，你只需要多一点的时间，终将成为冉冉升起的新星，受到全世界的瞩目。

致所有被称作第三世界的国家，从现在开始，努力做自己力所能及的事情，为时未晚。永远不要丧失希望，光明的未来始终触手可及，因为正如亚洲和拉丁美洲的一些国家所做的那样，在国际上拥有一席之地指日可待。毋庸置疑的是，这片土地将在所有人的见证下，从极度贫困的阶段过渡到高质量发展、社会经济强劲增长的阶段。也可以在极短的时间内，从发展中国家进入中等收入国家甚至发达国家的队伍。

致所有正处于战火之中或刚刚结束起因不明内战的非洲国家。诚然，对于一个曾经团结、和平的国家而言，弥合裂痕难过登天，但如果我们不计前嫌并调动一切优势积极重建，总是能够实现这一目标的。而非洲是世界上为数不多、拥有得天独厚的优势以及巨大潜力来应对此类挑战的大陆之一。

致所有灵魂受创、身负战争伤痕的非洲人民。致所有为战争苦痛而惊惧的非洲人民，他们看到了自己的妻子因苦难而痛哭流涕，在野蛮无情的炮火下流尽了泪水。

致所有惊慌失措、伤痕累累的非洲公民，他们眼睁睁地看着自己的孩子变成孤儿，迷失方向、不知所措，看着亲爱的儿子倒在军阀残暴的子弹之下。某些领导人的自私自利以及无耻奸商暗中追逐暴利的行为引发了一系列暴行，而这些总有一天终会烟消云散。

致全世界所有为非洲大陆摇旗呐喊的思想家和作家，他们世世代代笔耕不辍，为非洲大陆所追求的经济飞跃以及非洲人民所渴望的社会发展奔走相告、宣传发声。

致所有见多识广的远见者、勇敢无畏的先驱者以及非洲的领导者，他们永垂不朽，时常或卑微或神秘地死去，并湮没在彻底的遗忘里。他们对于非洲光明未来的真知灼见并没有得到大众的理解，只因他们的想法太过超前。

致所有非洲和西方国家的知识分子，他们怀着一颗爱与和平的心，渴望变革，期待在强国和弱国之间的发展援助与交流关系中进一步实现公平和透明。

致所有非洲人民的代言人，他们极度仇恨不公，厌恶极端分子犯下的累累恶行。他们最热切的希望，便是看到一个凭借自己的力量获得永久幸福的非洲，而不是日复一日的眼泪和无穷无尽的悲伤。

致所有地质学家和地球物理学家，他们在非洲大地、荒无人烟的热带森林以及炎热的沙漠里不懈努力，有时甚至不惜牺牲生命，不断为经济的发展做出蓬勃贡献。

致所有科学家，他们在实验室中进行的综合实验以及发表的研究成果，让人们更好地了解非洲的地质情况及非洲特有的矿产和石油资源。

致所有矿产和石油领域的经济学家、投资者和商人，他们的经济鉴定、技术分析、可行性研究以及资金投入对于非洲而言是必不可少的，对于非洲矿藏的勘探、开发和开采是至关重要的。

致所有其他国家及非洲的政治家和领导人，他们唯一的抱负就是竭尽所能地维护对于任何发展都至关重要的和平氛围，非洲的发展终将受益于丰富的地下矿产资源。

致所有兢兢业业的官方工作人员，他们致力于尊重善治原则，力求对非洲大陆的矿产及石油资源开发所带来的经济利益，进行更好的管理和更为公平的分配。

最后，致所有负责非洲裔或其他裔侨民的管理人员，他们多年来一直期盼着这片大陆的崛起。希望你们知道，非洲在等待你们，向你们敞开怀抱。总之，非洲的发展需要你们的贡献和经验，比以往任何时候都需要。

前　言

本书无疑代表了非洲人民内心的呐喊与期望：总体而言，非洲人民拥有丰富的地下矿产和石油资源，但他们并没有从这些资源的开发与贸易带来的经济和社会影响中受益。在20世纪60年代的民族独立浪潮之前，非洲人民没有充分意识到他们相较于其他大陆所拥有的这些地质优势。然而，在独立浪潮之后，随着非洲官员们去往世界各地负有盛名的大学接受教育并进行见习，他们获得了新的知识与技术能力，所有非洲国家关于展现这片大陆全部矿产潜力的呼声越来越高。

首先，非洲的这些社会精英要求非洲国家的执政者们更科学地分配矿产和石油部门的财政收入。

其次，他们要求更加公开、透明地管理非洲生产国和矿产公司之间订立的矿产和石油合同。

再次，越来越多的非洲人民不再沉默，要求非洲的执政者们更好地追溯矿产品的销售，并要求获得核实官方公开的矿产部门财务报表的权利。他们还希望矿产和石油公司对非洲土著及城市人民做出更多的承诺并采取更多社会行动。

这份长长的要求清单以非洲人民代言人的常规做法为结束：他们谴责资源开发公司为了开发新市场和获得矿产或石油勘探许可证，经常使用极具争议的、容易引起冲突的地缘政治手段。

最后，我们必须看到，非洲人民的鲜血浸染了整个非洲，而这仅仅只是为了尼日利亚、安哥拉、利比亚、索马里和苏丹的一桶石油。为了几内亚一千克的铝土矿，非洲人民的哭泣从未停歇。年轻的非洲人，作为这片大陆上的生力军和未来，却为了南非和马里一盎司的黄金，不断地流转离散、迷失方向。中非共和国、科特迪瓦、利比里亚和塞拉利昂的一克拉钻石以及刚果民主共和国的一千克钶钽铁矿，造成了大部分非洲国家长期不稳定的状态。有人为了侵吞稀有的战略性矿产原料，在非洲滥用地缘政治手段，并利用非洲人民的无知、贫困和不团结，迫使这一切的不幸发生并长期危害这片大陆。

纵然命途多舛，一些非洲国家，尤其是安哥拉、赤道几内亚、阿尔及利亚、尼日利亚、加纳、刚果（布）、科特迪瓦和其他很多国家，决定把命运掌握在自己的手里，争取尽可能地从其地下矿产资源的开发中获得最大利益。公共基础设施和社会住房的快速增加以及新中产阶级的出现，使得这次积极有益的解放和意识觉醒变得显而易见。这也意味着矿产和石油资源开发成果的不公平分配在逐渐减少。

所有的这些发展迹象和新的创举，无疑是非洲在未来数十年，基于巨大的地下资源潜力，可能且必然发生经济飞跃的先兆与见证。随着世界化、全球化发展趋势的出现，亚洲的中国、韩国等，以及美洲的巴西等新富裕国家的兴起，我始终对非洲的未来发展充满希望。

过去，所有这些新兴国家都被归为第三世界国家，然而，今非昔比。我可以满怀信心地说，如果大型矿产和石油企业、强国以及唯利是图的奸商能够暂停压迫非洲生产国并致其动荡不安的经济地缘政治活动，那么非洲国家毋庸置疑也能步入新兴国家之列。如果非洲的政治领袖和执政当局能够公平分配开发矿产及石油资源获得的收入，将国家的最高利益和人民的福祉置于其决策的中心，那么非洲的崛起指日可待。

非洲是一片富饶的大陆，多年来，绝大多数非洲人在期待这个地区的发展和经济的迅猛增长。他们意识到了自己所要担负的重任。这一新的认知要求他们成为自身发展的主要参与者，他们对此欣然接受。他们比任何时候都更加明白，自己在即将到来的经济飞跃中扮演着决定性的角色。

行文至此，值得一提的是，在这部论著中，我会更多地着墨于非洲大陆的潜力与财富，不会用较大的篇幅提及非洲的弱点和战争，因为它们会唤起人们不好的回忆。同样，我不会停留在仅仅探讨这些灾难的深层原因上，它们的起因众所周知，非洲多年来一直深受其害。

帮助一个人取得进步的最佳方式，并不是每天提醒他具有的弱点和过去的失败，而是让他清楚认识到自己的优势、才能、真正的潜力和所能做到的事情。只有这样，才能让他不断增强自尊心，从平庸走向卓越，从长期以来的自卑内疚转变为习以为常的自信自强。这就是整个非洲，尤其是非洲各国想要跻身世界大国之列所必须做的事。他们需要知道的是，他们有能力发展起来，也拥有足够且必需的资源和手段来实现这一目标。

序　言

正如每一棵树的种子都存在于树的果实中，第三世界的潜力与王牌也存在于第三世界国家之中。换句话说，非洲的财富埋藏在非洲国家的深处。非洲的繁荣在于非洲大陆。非洲大陆的财富取决于地下资源，以及一切石油和矿产资源。但非洲是否意识到了这一点？她是否足够了解她的地下资源和潜力？为了非洲的发展，她是否拥有必要且足够的学识、技术和财政专业知识来有效利用这些资源并从中获取最大利益？这些都是值得我们认真考虑的首要问题，它们是非洲大陆迈向发展新纪元的关键所在。

正如迈尔斯·门罗博士在《巨大潜力》（*Un Formidable Potentiel*）中所说："一件事物的价值由其稀有性决定。"

一种资源越是稀有，它便越有价值，也越会引来各界人士的觊觎。同样，非洲地底埋藏的珍稀宝石和矿物具有毋庸置疑的稀有性和相当可观的价值，如果管理得当，仅仅考虑其带来的经济效益就能够让许多非洲国家的面貌焕然一新。更何况某些矿物尤其是最负盛名的那些矿物，是某些非洲国家所特有的，在世界上的其他任何地方都鲜为人知。然而造化弄人，这些矿物在诸如电信和核能等领域，具有其他资源无可比拟的巨大潜力，但出产这些矿物的国家，却常常是非洲和世界上最贫穷的国度。

这难道是非洲人常说的某种诅咒或魔咒的后果吗？或是对于矿

产或石油领域的生意一窍不通的结果？这是非洲执政者和矿产开发企业领导者的恶意所致，还是因为非洲人在经济管理或规划制定方面知识匮乏？

在试图回答这些问题或指责他人之前，非洲应当先思考其基础、优势和失责之处，也就是说，要先了解自己，才能发现自己的优势和缺点。如果不了解自己的来处，不知道自己的真实身份，不掌握一定的本领和拥有一定的能力，就无法更好地走向未来。我说这些话的意思是，在思考和畅想如何发展之前，非洲应该更加深入地了解自己。这是非洲人的首当要务。

为了达到这一目的，深入了解地质层面的优势尤为重要，我将通过对非洲 54 个国家中大多数国家的地质情况和矿物原料进行认真研究，向大家展示非洲地下资源的无限潜能。同时，还将会在本书开头列出一些地质学的基本概念，以方便非本专业的读者了解后续的内容。这个方法也可以让读者更好地理解，我在论据中用来解释某些地质学和地球物理学现象的技术术语。

阅读至此，女士们，先生们，欢迎乘坐本次航班，踏上我们即将开启的探索之旅。请系好安全带，睁大眼睛，竖起耳朵，祝您在这片美丽的非洲大陆上旅途愉快。

绪　论

非洲的地底埋藏着丰富多样的优质矿物原料。这些天然的矿产资源是如此优秀，以至于非洲的矿产资源如果能够被有效地开发利用，将会帮助大部分非洲人民摆脱困扰非洲大陆数十年的极度贫困，甚至能够福泽他们的子孙后代。在神秘莫测的非洲大陆，这本应该是非洲人民最真实的日常生活。唉！多少年来，我们看到非洲所有的生力军，尤其是年轻人、妇女和知识分子们，全都涌向了西方国家。

事实上，那些来自非洲各个国家，游手好闲、前途渺茫的失业青年，已经准备好登上从不稳定的利比亚或无忧无虑的摩洛哥出发的临时简易船只，前往法国去寻找更加美好的未来。这条前往理想国度“埃尔多拉多”（*eldorado*）的航线总是困难重重：在等待危险小船的过程中，女人们经常被强奸，男人们每日被折磨甚至被贩卖为奴。如果没有被地中海的海浪吞噬，成千上万的移民就会在西班牙和意大利的海岸上受到勉为其难的欢迎。这些非洲子孙总是感到极大的慌乱不安，他们的眼泪夺眶而出，流淌在他们写满羞愧和耻辱的脸上，但他们只能在无声的痛苦中擦干眼泪。悲怆的一幕是，成千上万的移民在惊涛骇浪间遇险而迟迟得不到救援，只能发出震天的哭嚎呐喊。后者的数量比那些乘船停靠在欧洲海岸的幸存者要多得多，他们的声音永远无人聆听，因为国际团体和海岸巡防队心照不宣地冷眼旁观。他们的“无能为力”并未受到严厉谴责，反而这些可怜的非洲移民只能在他们的注视下源源不断地葬送在地中海的潮水之中。另一种形式的奴役和说不出罪名的间接犯罪就此出现。

过去，在黑奴贩卖时期，年轻的非洲人被强行带到美洲和欧洲，在这些地方的种植园中充当劳动力。如今，这种做法隐蔽地以新型移民潮的形式重新出现。

实际上，反复发生的地缘政治战争直接导致了非洲大陆的普遍贫困，非洲人民面临着严峻的生存环境，因此，非洲的年轻人、妇女和他们的孩子不再被强迫而是自愿移民到西方国家。非洲人民不再对其大陆的发展抱有信心，尽管在他们的脚下，在非洲大陆的地下，布满了天然的矿产财富。既然非洲拥有如此巨大的地质潜力，又是如何走到这绝望的死局之中的呢？是否有许多幕后黑手在故意阻止这片大陆的发展？非洲的发展过于滞后，这悲观的命运比以往任何时候都更加令人担忧，非洲人对此难道不用承担部分责任吗？因为幻想能在法国但不可能在非洲拥有更加美好的未来，非洲人就有理由抛弃他们自己的家园吗？有没有一些非洲国家，它们在经济社会发展方面树立了榜样，对矿物原料开采收入的妥善管理，值得其他国家效仿？

作为一名深入学习过经济学问题，诸如世界化和全球化等地缘政治学新概念的地质学者，又作为一名对于各种发展模式具有强烈好奇心的地球物理学者，此后也作为一名用开放和批评的眼光去看待世界和非洲的地缘政治学、社会学和历史学现实的作者，笔者将会尝试为上述那些比以往任何时候都更值得明晰的问题提供一些答案。若要满足所有对非洲发展和非洲人民福祉感兴趣的人的需求，那么这些回答是至关重要且不可或缺的。

首先，为了实现这个目标，我将会带领不熟悉这些领域的人们，在地质学和地球物理学的世界开展一次徒步旅行。

我将会解释这两类科学的基础知识，然后借助地质学、地球物理学、地理学和经济学的工具方法，来着重展示非洲大陆巨大的矿产和石油资源潜力。为此，我将会根据源自矿产公司、科学研究、非洲生产国、国际组织、媒体以及其他地方的统计资料，分析非洲的大矿产区和大石油区，展示非洲 54 国中大部分国家的矿产和石油资源。

我还将结合非洲不同国家的国内生产总值（PIB）、人类发展指数（IDH）及国民生产总值（PNB）的相关数据，以考察矿产资源在提升非洲人民生活质量方面的实际贡献，来完善这项关于非洲矿产资源的研究。这一教学方式能够帮助所有读者站在同一个波段上，更好地理解和分析非洲从民族独立浪潮年代至今所经历的地缘政治学、社会学和经济学现象。因为我们应当明白，在现在这个时代，国家之间的任何联系和交流都不是偶然发生的。由于世界已然变成一个地球村，每个国家的一举一动都会对或远或近的国家产生一定的影响。

其次，我将尝试在拉丁美洲和非洲之间建立地质学、地理学和历史学联系，因为这两个地区很可能在矿产和石油贮藏的质量和数量上不分伯仲。在我的论证过程中，我将会偶尔谈论由地缘政治、非洲矿物原料以及影响这片大陆的战争所带来的影响。除此之外，我还会考虑它们对非洲人民和西方人民产生的不可逆转的消极影响。由于非洲人民源源不断地向欧洲迁移以及恐怖组织的逐渐增加，西方人民也会越来越多地承受这些消极影响。

不过，在继续写下去之前，需要再次强调的是，本书的写作目的并不是要重提过去发生的事，也不是要唤起关于非洲因拥有矿产资源而遭受血腥战争的回忆，主要是让更多人了解非洲的矿物原料及其矿产和石油矿藏。毫无疑问，这会有效促进地下资源的开发，从而促进非洲的发展，这也是为什么本书的书名为《非洲：一个矿产资源出奇富饶的大洲》（*L'Afrique, un Continent aux Ressources Minières Exceptionnelles: un Zoom sur les Matières Premières Minérales et le Développement de L'Afrique*）。简而言之，本书只关注非洲大陆的矿产。

另一本书将会讨论非洲大陆的石油产区，因为仅仅用一本书不足以描述非洲全部的矿产，也不足以讲述它同样可观的石油潜力。

在本书中，我希望让非洲的领导者们关注善治原则的问题，让矿产开发公司关注他们与非洲生产国签订的合同条文，从而在经济社会发展方面更加有益于非洲的土著人民。同样，本书还将成为推介某些个人成长理念的理想载体，因为有很多非洲人轻视自己、低估自己。尽管在矿产层面，非洲是地球上最富饶的大陆，但很多非洲人认为自己和非洲一无是处。不幸的是，许许多多的非洲人仍未意识到这一点，并准备抛弃他们的家园，前往西方国家。

最后，随着分析的深入，我还会探讨，如果能够管理好和利用好天然矿产资源开发所得的利润，那么非洲国家能够从中获得怎样的经济社会发展效益。为此，我将会参考非洲和中东的一些知名发展模式，它们往往以矿产和石油资源收入为发展基础。

希望本书能够帮助人们更好地理解非洲近一个世纪以来所遭受的诸多灾难，并促使全世界关注并助力这片大陆的崛起和发展。这片非洲大地，所求的只不过是能在发展规划和构思上拥有完全的行动自由，从而为其人民群众谋取福祉。非洲人民已经厌倦了那些被故意挑起、反复无常的社会危机。他们对于频繁发生的饥荒大为恼火，而处于战争或危机中的国家都是饥荒的受害者，他们为此早已是筋疲力尽，因为极端贫困的环境令他们窒息，而这些不过是他们日常生活的一部分。

第 一 章

为何对非洲如此感兴趣

第一节 对非洲矿山和油矿进行详细测绘刻不容缓

据世界银行可持续能源部天然气、石油、矿业科的管理高层称，由于缺乏地质和地球物理勘探数据，非洲大陆在矿产和石油资源方面的巨大潜力仍未得到充分开发，这些数据对矿产的开发至关重要。

我们能否在底土中发现矿物资源取决于勘探阶段，在于用科学的钻探方法测算土壤深度。所有的入侵和非入侵勘测技术都为地质科学以及地球物理科学提供了支撑。正是勘探这一预备步骤为我们提供了地质和地球物理数据，我们通过计算机和软件处理、分析相关数据，便可以确定潜在的黄金或石油矿藏的位置。这是寻找、开发、开采矿藏漫长过程中的第一步。

如果勘探阶段进展顺利，一旦我们成功发现大型矿藏，就能够保障未来几十年的开采工程和经济利润。事实上，一些矿业和石油公司会在发现矿床的同时，继续深入勘探，以便扩大开采区域，增加矿产储备。通常来说，采矿业和石油业将其称为矿山或矿床扩展项目（PEX）。

因此，勘探工作的重要性不言而喻。探测数据是整个开采项目的关键所在。值得一提的是，勘探阶段耗资昂贵，而且在某些情况下，勘探工作往往耗时数年。对于开采公司和股东生产国来说，这个阶段同样存在重大的财务风险，因为我们无法保证最终的勘察结果能够说服利益相关者对此进行投资。

这就是为什么非洲国家的预算通常较少，我们很难投入数十亿资金来勘探自己的矿产和石油资源。一旦出现负面的结果，就会面临破产的风险。只有具有强大的财政实力，才能参与此类投资，例如大多数跨国公司和大型矿业、石油公司。然而，没有勘探数据的支撑，我们无法开发潜在的石油、天然气资源，更不要说宝贵的黄金或钻石资源。因此，对勘探阶段的投资不可或缺。我将在稍后介绍石油勘探方法时继续探讨这一话题。

世界银行可持续能源部，天然气、石油和矿业科主任保罗·德萨先生（Paulo DE SA），在2015年2月3日至6日于南非举行的第20届非洲矿业投资国际会议（Mining Indaba）上发表了以下声明：

> 在公司选择一个国家作为采矿特定目的地的过程中，缺乏地质数据是主要的障碍。

他重申了他的想法，并说道：

> 尽管非洲拥有丰富的矿产资源，但它仍然是开发率最少的大陆之一，开采技术与其他国家存在巨大的差距，对其矿产潜力进行大规模的勘探刻不容缓。

落后的勘探技术是阻碍非洲矿业发展的主要因素。为了解决这个棘手的问题，保罗·德萨先生公布了一个项目，这个被称为“十亿美元地图”的项目将在5年内实行。

这个对非洲矿业至关重要的创新项目重点在于通过使用在过去20年取得巨大进展的勘探技术，来绘制非洲大陆的矿物和矿藏地图。目前，大多数非洲国家用来开采矿石与石油的地质地图是陈旧过时的，它们大多绘制于20世纪60年代独立之前。

不仅如此，在当初绘制地图时，人们使用的是最原始的方法，而这些测绘方法在今天早已革新。通过原始测量方式取得的数据不够精确，我们需要谨慎参考。

事实上，从科学进步的角度来看，我们所使用的勘探方法似乎并不处于技术前沿，而在当时，这些方法对于科学界来说却是极具革命性的，它们是创新的代名词。例如，研究员伯纳德·塔吉尼（Bernard TAGINI）在1957年绘制的科特迪瓦地质地图，至今仍被科特迪瓦和世界各地的研究人员所使用。因此，它需要像其他许多非洲大陆国家的地质地图一样及时更新。

世界银行已经决定为这个价值10亿美元的地图项目提供2亿美元的资金支持，并期望非洲国家、出资方以及跨国采矿和石油公司能够为此提供8亿美元的额外资金。世界银行的倡议惠及多方，因为它代表了整个非洲大陆勘探新时代的开启，更何况今天还有这些新的勘探技术。这正是世界银行选择用新技术支撑这一全面勘探非洲的初始任务的原因之一。这些先进的勘探技术，不仅包括卫星图像处理技术，即遥感，还包括机载地球物理测量技术（重力测量、磁力测量等）、地理信息系统（GIS）以及涵盖数据管理设备（如服务器和信息技术平台）和在线非物质存储技术的计算机科学。世界银行将提供一笔可观的资金用以获取和运用这些新技术。

但是，为什么世界银行会在从经济和社会方面抛弃和无视非洲大陆那么长一段时间之后，如今又对非洲表现出如此大的兴趣，以至于为这个项目提供可观的资金呢？

第二节 令人满意的非洲经济指标

事实上，非洲国家每年增长的经济指标在一定程度上是国际机构对这个大陆产生强烈兴趣的动力因素。虽然大多数西方国家目前正在经历经济衰退，但根据国际金融公司（SFI）、国际货币基金组织（FMI）、非洲开发银行（BAD）和世界银行等国际金融机构的预测，非洲国家，换句话说，整个非洲大陆正在经历强劲的经济增长，2016 年和 2017 年撒哈拉以南地区的增长率分别为 4.5% 和5%。

此外，这些国际组织并不是唯一提出这一意见的组织。根据知名杂志 *Slate Afrique* 的报道，一些非洲国家正在逐步摆脱贫困，并在过去十年中经济快速增长。为了得出这样的结论，*Slate Afrique* 在 2012 年进行了一个基于经济发展而非绝对经济地位的排名，因为后者通常由南非、阿尔及利亚、尼日利亚和埃及等非洲大陆的主要国家领头。这一排名揭示了一些比较不受关注的非洲国家，如肯尼亚、博茨瓦纳、加纳在最近几年取得的惊人的经济收益，同样值得信赖。根据国际金融机构的数据，在发展和经济增长方面，他们没有必要去羡慕非洲大陆的那些大国。

这些国家在 *Slate Afrique* 排名中获得好的结果并不是偶然。它们是根据这些国家 2009 年至 2011 年的有效国内生产总值增长率、国际货币基金组织 2011 年 4 月《世界经济展望》中的预测、国际透明组织计算的清廉指数（le taux de transparence calculé）及联合国评估的人类发展指数（IDH），并考虑到中央情报局（CIA）通过世界银行和国际货币基金组织的数字提供的人均国内生产总值进行整合的。在这个排名中，按 2011 年预计增长率降序排列的前 10 名国家如下：加纳（13.7%）、埃塞俄比亚（8.5%）、刚果（布）（7.8%）、莫桑比克（7.5%）、津巴布韦（7.3%）、赞比亚（6.6%）、坦桑尼亚（6.4%）、尼日利亚（6.2%）、博茨瓦纳（6%）和马拉维（4.3%）。

根据国际货币基金组织2014年4月《世界经济展望》中几个撒哈拉以南非洲国家不同的国内生产总值，对这些国家的经济数据进行集中分析后，可以确定2015年预计增长率最高的10个国家的排名，其降序排列如下：刚果民主共和国（8.5%）、莫桑比克（7.9%）、科特迪瓦（7.7%）、埃塞俄比亚（7.5%）、坦桑尼亚（7%）、尼日利亚（7%）、乌干达（6.8%）、肯尼亚（6.3%）、加蓬（6.3%）、刚果（布）（5.8%）。

诚然，这些国内生产总值的数据只涉及某些非洲国家，但也必须注意到，世界银行和非洲开发银行（BAD）的报告中提到了非洲所有主要地区的高增长率。从西非到东非、北非、中非和南部非洲，同一时期记录的增长率都在增加。

这意味着在这些时期，整个非洲也在发展。而这一切，都是在非洲尚未勘探和开采主要的矿物原料，即所有的矿物和石油资源的情况下进行的。也就是说，如果非洲在这一领域取得进展，它将是未来不得不重视的大陆，因此世界银行有兴趣启动“10亿美元版图”项目，从地质和地球物理角度挖掘非洲大陆的全部矿产资源和矿藏。

这种对非洲的狂热已经持续了几年，因为一些非洲国家已经成为许多西方公民和欧洲公司的乐园与接收国。这些公司、国家正在外迁其活动并拆除其设施，以便长期转移到非洲大陆上。

根据国家统计和经济研究所（INSEE）的数据，英国伦敦证券交易所每桶布伦特原油的价格已经从2012年3月的94.2欧元（105.1046美元）下降到2015年12月的34.6欧元（38.6053美元),从而增强了非洲的这种新吸引力。这种变化对世界上受到严重打击的那些国家的经济产生了影响。

事实上,每桶石油价格不断急剧地下降已经导致了俄罗斯等几个西方国家和委内瑞拉等一些拉美国家的经济崩溃,因为这些国家的经济大部分建立在石油销售上。尽管西方国家意识到每桶石油成本下降的影响,尼日利亚、阿尔及利亚、安哥拉、赤道几内亚、刚果(布)和加蓬等非洲国家也是石油出口国,却没有受到这种原材料价格下降的负面影响。事实上,除了矿物和石油商品之外,非洲国家还有来自其他非矿物商品的大量经济收入来源。那么,我的观点是什么呢?

非洲的非矿物原料是非洲国家经济的一个附加值。换句话说,它们构成了一种附加的经济利润,因为它们是非洲经济的盈余,非洲经济不是单一地依赖矿物原料,而是多样化的。因此,像科特迪瓦这样的非洲国家是可可、橡胶和腰果的最大生产国,塞内加尔是花生的最大生产国,整个非洲大陆还有许多其他例子。正是由于所有这些并非详尽的原因,我仍然相信并乐观地认为,非洲将很快成为未来的大陆。我支持并重申自己在这一点上的信心,因为非洲的采矿和石油潜力仍然完好无损,处于原始和未充分开发的状态,也就是说没有得到充分的了解。当它们得到充分了解的时候,这个大陆的社会经济面貌将发生变化。

几十年来,非洲的底土一直等待着被全面勘探,然后进行开发,以便由此获得的利益能够为非洲大陆的经济和社会发展以及人民的幸福带来巨大的附加值。

第三节 全球范围内的艰难能源转型

除了上述原因外,还有其他几个原因使非洲在世界范围内引起如此大的关注。其中之一是世界各国，特别是发达国家，快速走向了能源转型，也被称为绿色经济，即生态和环境保护。

事实上，越来越多的西方国家和国际媒体都在谈论能源转型，即从矿物原料和石油、铀和煤炭等不可再生的能源逐步转向太阳能、风能和生物燃料等可再生能源。我完全同意人类的这个原则，它呼吁我们关注生态和环境，以便为子孙后代留下一个更好的、无污染的世界。然而，我仍然相信，不可再生的能源（石油、铀……）在地球上各国的能源供应中还没有到穷途末路。它们在未来和许多年内仍然具有重要性，尽管有些人预测它们会枯竭。我确信，这些不可再生的能源将特别受到采矿和石油公司的高度重视，尤其是受到整个世界经济的重视，因为世界经济各个领域的增长严重依赖这些能源。

这一论断的证据是，我们的汽车燃料依赖石油，我们的航空旅行依赖煤油，向我们家庭供电的核电站与铀有历史联系。这些都是我们每天面对的必要而现实的需求。虽然有些人预测石油会枯竭，因为矿藏越来越难开采，有时矿层超过 5000 米深，公司的开采成本就会很高，而且往往利润较低。但这并不是一个强有力的论据，足以让世界各国永久放弃这些珍贵的石油和天然气矿产资源。

因此，为了应对石油领域最近出现的浅层石油稀缺的问题，美国等国家已经开始利用水力压裂技术开采页岩油和页岩气。他们正在成为石油独立国，甚至正在成为石油出口国。另外，为了应对美国的这一举动，沙特阿拉伯和其他中东国家正在提高石油产量，以保持国际市场销售的领先地位。这种远距离竞争的直接后果是每桶石油的成本下降，正如我们在 2015 年看到的那样，因为供应超过了需求。

我提到这一点是为了指出世界各国还没有准备好放弃不可再生的能源。在法国也是如此，历届政府在竞选时都承诺拆除核电站。

然而，他们一上台就忘记了这个承诺，发现很难摆脱这些发电站，因为他们意识到这些发电站对其电力供应的重要性。我提及这点的目的是要让您明白，我们在能源供应上对矿物原料的依赖是下意识的、历史性的，因此，能源转型不可能如此迅速地在一夜之间实现。这是一个伟大的倡议，将需要很长的时间去实现。许多国家已经明白了这个道理。这就是为什么世界上所有主要国家将尽其所能，不惜付出代价，为能源原材料的供应寻找新的途径和新的领域。这就是美国在发现自己的页岩油和页岩气储备短缺或供应困难时，对其进行开采的同时所做的事。

由于水力压裂法带来的生态风险，法国和许多西方和非洲国家还没有从事页岩气开采，但这将很快到来。迟早有一天，他们将不得不像美国那样做。

我刚才提到的所有论据都是为了支持这样的观点：尽管有些人作出了种种暗示，但不可再生的能源还是有很好的前景。而且，即使石油耗尽，作为未来的替代品，原子能专家对铀和某些放射性金属寄予厚望，它们可以产生足够的能量来满足世界的能源需求。但是，在哪里可以找到像铀和石油这样能量密度高的矿物，以满足世界未来的能源需求？在非洲就可以，我将在本书中证明这一点。我在本书中几乎用了全部的篇幅来验证这一真理。

一旦您读完这本书，您将不再是一个关于非洲矿产资源的初学者，因为我们将一起回顾非洲大陆矿产财富的要义。

第四节　非洲，地球上最后一个拥有未开发的矿物和石油资源的大洲

在介绍非洲国家的矿物资源之前，我们先来简单了解地球科学、经济以及政治之间的联系。三者相辅相成，密不可分。根据定

义，政治是研究城市管理和治理的科学。而当我们谈到城市管理时，我们必然指的是发展行动，如建设基础设施和建立社会经济结构，以满足人民的日常福祉。然而，为了促进发展项目取得丰硕成果，财政支持必不可少。非洲国家最大的收入来源之一，并非来自国际金融机构的贷款和借款，而是直接来自矿物原料的开发利用。简而言之，地球科学、经济与政治相互关联，相互依赖。

事实上，世界天然矿产资源开发领域的经济发展通常取决于以下三个因素：地质、技术创新和人口增长。

一　非洲，一个地质条件优越、高度利己的大洲

地质学在全球矿业经济中极为重要，因为它是源头学科，是地球上目前已知的石油储层，以及铜、钛、铝土矿和铌钽矿的矿层得以显现的关键所在。地质学是研究地球的科学，地球上储藏着种类丰富的岩石和沉积物，岩石蕴藏着几乎所有的贵重金属，沉积物则富含石油和天然气。

然而，并非世界上的所有国家和地球上的五大洲都具有相同的地质特征和优势。换句话说，他们没有相同的矿产和能源原材料的潜力和储量。某些国家的底土富含贵金属，而另一些国家的底土则非常贫瘠；有些国家已经开采了其底土中的大部分矿物和石油资源，许多西方国家都是如此，而另一些国家则尚未开采和充分开发这些资源。非洲大陆属于后一种情况。

非洲的特殊性在于，它不仅拥有丰富的底土资源，并且开发程度较低。非洲的部分地区被称为“地质轰动区”（zones de scandale géologiques），这是因为各种类型的矿物高度集中在同一个地方，如刚果民主共和国，非洲其他国家也是如此。毋庸置疑的是，非洲是一个具有地质优势的大洲。这也是非洲吸引众多矿产和能源原料领域投资的原因之一。

非洲尚未开发的地质是一种天然资产，但也是一种不可缺少的力量。由于储量丰富的矿产和石油资源，其未来必将对世界经济产生举足轻重的影响。

二 非洲及其底土财富是世界技术创新的核心

技术创新在寻找矿产方面同样发挥关键作用。科学技术在这一领域的贡献不容忽视。本世纪，即 21 世纪，被称为新技术的时代，这并不是巧合。

事实上，自 21 世纪初以来，随着智能手机、互联网、平板电脑和新一代高科技产品的到来，我们见证了技术创新爆发的力量。而所有这些技术创新都与所有业务领域的多样化和实用性相兼容，特别是在通信、农业、信息技术、环境、国防、安全、工业、银行和其他具有高利润回报前景的领域。换句话说，今天的世界正经历着一场前所未有的技术革命。所有业务领域都倾向于在其工作方法中使用新技术。几十年前，生产操作是由人完成的，而现在，计算机工具、专门的软件和连接设备已经取代了人。数字化任务正越来越多地取代人工任务，似乎技术正在逐步接管曾经为人们保留的工作。

因此，21 世纪的确是新技术的世纪。所有业务领域的这种数字化更新正在加速进行。在这种情况下，那些在其业务领域技术落后的公司，有可能错过许多越来越难以获得的市场份额，并在国家和国际舞台上失去竞争力。

诚然，数字技术在经济和各业务领域的兴起是世界向前迈出的重要一步，但也必须注意到，任何技术革命或创新都需要找到质量和数量足够的新矿产来满足当时的需要。这反映在著名统计学家康德拉季耶夫的商业周期图中（图 1），他在研究这个问题的过程中提出了这个观点。

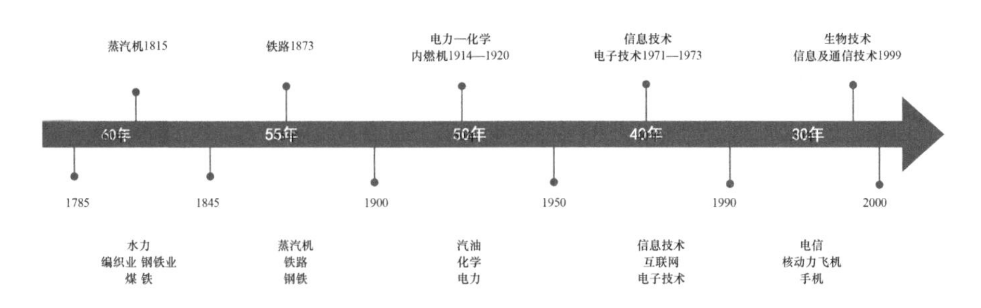

图1　康德拉季耶夫的商业周期

通过图1我们可以很容易地理解，技术创新、工业化和矿产资源之间存在着明确的、无可争议的联系。而如果我们谈论工业化，我们就间接地提到了发展。总之，可以说，在发展和勘探新矿物之间存在着一座桥梁。此外，克劳登（Crowdon）在2008年发表的著作也显示了从1770年到1990年之后，根据通货膨胀校正后的铜价曲线与康德拉季耶夫周期的曲线重叠。因此，所有这些论点使人们更好地理解了矿物在发展建设中的重要性。

我们去哪里寻找有利于智能手机电池正常运行的锂呢？在我看来，是非洲。

我们去哪里寻找钶钽铁矿石和钴呢？没有它们，苹果公司的iPhone和iPad就无法运行。我很确定它们在非洲。

我们去哪里寻找用于建造铁路、新型互联多功能汽车的铁和铝呢？它们对于西方以及中东的巨型建筑或摩天大楼来说不可或缺。它们似乎总是常见于非洲。

我们去哪里寻找用于制造武器、车辆以及军用飞机装甲的钨和钛呢？我认为它们仍然在非洲。

我们对锂、钴以及钶钽铁矿石的需求随着新型智能手机的日趋流行而不断增加，我们对铀的需求也随着核电站的扩建与运行不断增加。只要不断经历这种令人眼花缭乱的技术革新，人们对矿物和贵金属的需求便会持续增长，而非洲对其底土财富的需求也将越来越多。

三 非洲，一个人口增长活跃、非常年轻的大陆

尽管鲜为人知，但人口增长对于矿物勘探来说同样重要。随着世界人口的不断增加，人们对能源资源的需求也在持续增长。我们将需要更多的燃料来驱动我们的汽车，需要更多的煤油来驾驶我们的飞机。这意味着我们对石油和天然气的需求将在未来与日俱增，正是这些矿物原料使生产汽车燃料和飞机煤油成为可能。

根据国家人口研究所的估算，联合国已于 2011 年 10 月 31 日确认地球人口达到了 70 亿。这个数字来自人口普查和世界各国的人口规模信息。世界人口形势报告显示，2025 年的世界人口将到达 80 亿，2050 年则会达到 100 亿。这意味着人类在 2050 年对能源资源（石油、天然气等）和矿物资源的需求也必须增加，以便适应不断增长的世界人口，否则我们将面临前所未有的重大经济和社会危机。

无论如何，在目前矿物和石油储量以及生产量越来越少的情况下，我们必须尽快找到新的能源供应区。

作为世界七大洲之一，非洲在未来一二十年的人口影响力是毋庸置疑的，因为它已经为世界人口的飙升作出了巨大贡献。根据世界人口出生率数据，与其他大陆相比，非洲和亚洲将以高出生率在未来全球人口增长中发挥主导作用。目前，这两个大陆不断演变和不断增长的人口统计数据在很大程度上归功于健康事业的进步。在预防流行病和抗击艾滋病方面的医学进步已经大大降低了非洲的死亡率。

正是这种新的发展促进和推动了非洲大陆的人口增长，其出生率远远高于死亡率（表 1）。

表1　2016年各大洲的人口前景（《世界人口前景》，联合国，2015）

国家	总人口（以千计）	出生率	死亡率	寿命	婴儿死亡率	每个妇女的孩子数量	增长率	65岁及以上人口（以千计）
非洲	1194638	34.2	9.8	59.5	58.6	4.48	23.9	42101
拉丁美洲和加勒比地区	636631	17.1	6.0	75.5	15.9	2.10	10.2	49987
北美洲	364041	12.9	8.3	79.6	5.5	1.94	8.0	55169
亚洲	4426377	16.8	7.2	72.1	28.1	2.14	9.3	341313
欧洲	743393	10.6	11.8	76.7	5.4	1.60	0.3	130976
大洋洲	39897	16.6	6.8	78.1	19.3	2.36	13.5	4824
世界	7404978	18.8	8.0	70.7	34.0	2.47	10.8	624370

人口的增长无法避免，但这并不是造成贫穷的主要原因，恰恰相反，它是一个国家的活力所在。支撑世界发展的是庞大的人口数量。如今，世界上所有人口众多的国家都有着较高的经济增长率。中国是世界上人口最多的国家，近十年来始终是国际领先的经济大国。尼日利亚是非洲人口最多的国家，刚刚超过南非成为非洲最大的经济体。印度是仅次于中国的世界上人口最多的国家之一，也是国际领先的新兴国家之一，其经济增长率足以傲视主要的世界大国。总部设立在伦敦的经济和商业研究中心（CEBR）于2017年12月26日发表的一份报告显示，目前在世界经济大国排名中占据第7位的印度，将在2018年爬升至第5位，然后在2032年升至第3位。换句话说，印度将在不远的未来分别取代法国和英国。CEBR的副主席道格拉斯·麦克威廉姆斯（Douglas MCWILLIAMS）先生发表了如下的预测：

> 尽管有一些暂时的挫折，但印度经济有望在2018年追上法国和英国。它将超过这两个国家，成为以美元计算的第五大

经济体。

法国杂志《巴黎竞赛画报》（*Paris Match*）报道的结果进一步显示，在2018年，亚洲国家将占据五大经济强国中的三个席位，即中国、印度和日本。根据估算，美国这个遥遥领先的经济大国将在2032年被中国超越，而中国又将在21世纪下半叶被印度超越。所有这些国家都有一个共同点：拥有庞大的人口基数。

根据上述的事例，我们可以确定的是，任何人口不断增长的国家都是正在建设中的潜在经济强国。庞大的人口基数是经济增长的标志，因为一个国家的经济水平取决于其人力资源的数量和质量。值得注意的是，非洲人口的增长是国际社会将要面临的最大变化之一。

人口学研究预测，考虑到北非的人口和艾滋病感染者数量，非洲人口可能在近百年内翻两番，简而言之，从2000年的8亿人口增加到2100年的36亿人口。鉴于联合国经济和社会事务部（DESA）于2017年6月21日发布的《人口前景（2017年修订版）》报告，这即将成为现实。

> 从2017年到2050年，一半的人口增长将主要集中在以下9个国家：印度、尼日利亚、刚果民主共和国、巴基斯坦、埃塞俄比亚、坦桑尼亚、美国、乌干达和印度尼西亚。

可以看到，在上述9个国家中，有5个国家来自非洲。这充分证实了，非洲的确将在未来成为拥有最多人口的大陆之一。

根据同一个报告，2050年的世界人口将达到98亿至100亿，而到了21世纪末，即2100年前后，世界人口将达到约112亿。报告还显示，在全世界15—29岁的人口中，有三分之一的年轻人将在非洲生活。此外，2017年至2100年，非洲将经历全球最大的人口增长幅度。例如，尼日利亚的人口将从 1.91 亿上升到 2030 年的 4.1 余亿，取代美国成为仅次于中国的第三大人口国，因为印度人口将在 2024 年超过中国。非洲目前有 13 亿居民，占据世界人口总数的 17%，2050 年的居民将高达 45 亿，占据世界人口总数的 40%，非洲的人口将几乎达到或超过亚洲，而亚洲的人口占比将从 60% 下降到 46%，即从目前的 45 亿人口缓慢增长至 48 亿。

正是面对非洲人口的不断上升，及其给世界经济和社会带来的影响，许多西方领导人对这一新数据大加挞伐，以便吸引世界各地的非洲人、经济学家和发展规划者们的关注。

虽然这个全新的人口参数是动态且难以控制的，但显而易见的是，非洲相较于其他大陆拥有更多的能源需求，因为非洲大陆日趋年轻化，人口越来越活跃，并不断地涌入劳动力市场。非洲经济论坛的数据显示，每年有超过 2000 万的非洲青年从大学和学院毕业并进入就业市场。这意味着，每年可能有 2000 万非洲青年知识分子被雇用。因此，数量可观的年轻劳动力将不断加剧能源供应负担。更糟糕的是，如果要呼吁这些年轻人组建家庭，我们将不得不认真考虑未来的社会情况。在这种情况下，能源需求涉及的将不再是独立的个人，而是两人及以上的家庭单位，这将进一步增加非洲大陆和世界的能源需求。

最终的结论无非是，我们需要更多的矿物勘察和开采来应对所有未来的能源挑战，而非洲与这个亟待解决的问题息息相关。因为它不仅是世界上人口最多的大陆之一，还拥有得天独厚的地理位置。我们可以动员和集中所有针对矿产石油的投资，这些投资将主要用于解决世界能源问题。除了有着巨大能源需求的西方人之外，非洲人也将加入这个已经持续了一个多世纪的采矿事业中。

在《明天的金属是什么?》（*Quelsmétaux Pour Demain*?）一书中，加拿大蒙特利尔魁北克大学地球科学教授米歇尔·杰布拉克

（Michel Jebrak）先生指出，一个西方人的漫长一生将消耗15吨盐、64克金矿石、5吨铁矿石、1350余桶石油、266吨煤、440千克镍矿、240吨岩石和沙子以及18吨水泥。

如果我们还考虑到亚洲人口，那么预计在未来几年内，亚洲的人口数量将与非洲一样名列前茅，到了那个时候，世界很可能因为能源资源的短缺而动荡不安。因为和非洲一样，许多亚洲国家，比如中国和韩国，早已成长为新兴国家，出现了新的中产阶级和富裕阶级，他们不吝于通过过度消费和购买来展示自己的经济实力。这是经济状况良好的有力证明，这些曾经位列贫穷地区的国家或大陆，现如今被称为新兴国家或地区，拥有全新的社会阶层以及增幅明显的购买能力。

四　非洲不是一个国家，而是一个拥有广阔面积和巨大的矿产石油潜力的大洲

许多意见领袖试图比较世界上拥有最多矿产和石油资源的各个地区，但他们的阐述大多漏洞百出。通常来说，他们将非洲的矿物原料潜力与美国、中国、俄罗斯、澳大利亚、巴西、法国、印度和加拿大等世界主要生产国进行比较，而忽略了非洲是一个幅员辽阔的大陆。当我们谈论矿物原料时，我们往往指的是可用的土地或可利用的底土，即以表面积计算的整体面积。这意味着，由于非洲领土面积较大，拥有极其丰富的底土资源，因此从质量和数量上来说，非洲拥有比上述任何一个国家都要多的矿物原料。

非洲的总面积约为3042万平方公里，而美国、中国、俄罗斯、澳大利亚、巴西、法国、印度和加拿大的总面积分别约为983万平方公里、960万平方公里、1710万平方公里、769万平方公里、852万平方公里、64万平方公里、329万平方公里和998万平方公里。非洲的领土面积高于美国、中国和加拿大的面积总和，大约是俄罗

斯的 2 倍，是法国的 30 多倍。因此，在采矿业方面，将非洲比作一个国家是不正确的。

此外，我们找不到任何一个缺乏优势矿物原料的国家，因为所有非洲国家都拥有自己的优势矿物原料，而且在同一个国家，几种不同的矿产资源会竞争最高的矿石或矿产品出口率。

如果考虑非洲大陆即所有非洲国家矿产资源的多样性和矿产总量，相较于世界上所有其他相关生产国的矿产资源，非洲拥有绝对的优势。因此，在矿产原料的丰富性方面，非洲也不能仅仅被比作一个国家。

正是出于这些不全面但极为重要的原因，非洲引起了世界上所有国际组织、外交领域和商业市场的浓厚兴趣。非洲理应受到万众瞩目，它值得全世界的关注。也正是这些充满希望的数据提醒了世界银行和所有其他国际机构，他们以前没有发现非洲的巨大潜力，也没有预料到非洲会在国际舞台上全面崛起。但是，他们现在已经充分意识到了这一点。

既然已经完成了背景铺垫，在进入正题之前，我们不妨先简单介绍一下基本的地质学概念和地球上已知的不同矿物。这一部分的介绍至关重要，因为如果您能够掌握基本的地质和地球物理术语，将会更好地理解后续内容。

第二章

地质学基本概念和世界上主要的地质组成

矿石、矿物质、矿层、储量、矿产资源、矿区、异常、矿点、矿床、矿迹、矿床学、地球化学、金属矿藏学、品位、吨位和储层这些词汇主要描述非洲国家矿产和石油资源的特点。

因此，本章重点讨论和定义在地球表面发现的主要矿床和矿物类型。在介绍非洲的矿产石油潜力之前，我们先来了解主要的地质单元以及基本的地质科学概念。

地质学仍然是一门多学科科学，包含多个相互关联的分支。然而，在所有这些分支学科中，经济地质学最有利于我们国家和社会的发展，也是最有名的学科。

第一节　经济地质学简况

一　什么是经济地质学

经济地质学隶属于地球科学，主要研究矿物原材料价格变化的原因，并将其与新矿床的发现、所含矿物的开采以及社会需求的使用联系起来。

得益于经济地质学，我们能够轻而易举地绘制出铜或铁等矿物原料的价格在大约一个世纪内的演变曲线。经济地质学帮助我们将这些价格曲线与世界上的主要经济和社会危机联系起来，并推断它们的成因以及对世界经济的影响。

也正是这个地质学的分支，推动了待开采矿物原料在价格波动方面的可行性和盈利性研究。

通过经济地质学，我们才有可能对矿物原料储备的可用性进行长期预测，以便满足人类在未来几年的金属和能源需求。

综上所述，经济地质学是矿产和石油勘探地质学家所有工作的核心所在，这一点毋庸置疑。

二　经济地质学的前世今生与未来发展

正如我们在前文所说，经济地质学是一门矿产预测科学。地球科学的这一分支学科，不仅能够确定人们对矿物原料的供需变化，更为重要的是，它能够帮助我们预测矿产资源的未来发展，简单来说，就是预测该矿物资源在未来 10 年或 15 年甚至更长时间内的可用性。现如今，证券交易所和国际市场实时关注并追踪石油的单价，但我们无法事先预测石油在未来几周或几个月内的价格变化。而目前层出不穷的石油新闻动态，以及产油国或石油输出国组织（OPEC）的报价，纷纷证实了这种价格预测是可能实现的。

此外，用其他更易获得和更便宜的矿物质替代昂贵且稀有的矿物原料的做法源于经济地质学。

事实上，正是基于经济地质学的原理，我们对矿物原料的成本进行了比较研究，目的在于用其他矿物质交换或替代稀有原材料来制造相应的产品。

这种方法大大降低了该产品的生产成本，并简化了矿物质原料的获取过程，而这种矿质原料往往对产品的设计至关重要。

让我们来举例说明。假设我们使用铂、金和铝来生产新一代汽车的催化剂，对比一下具体的生产成本。我们的想法是，用昂贵且不易获取的黄金，或者用更便宜、更易获得的铝来替代铂金，因为对于制造这些催化剂来说，铂金是一种非常昂贵的稀有金属。

面对这样一个研究案例，经济地质学家首先关注的是这些不同矿物原料的单价。2017 年 5 月，每克铂金、黄金和铝的价格分别为 20.99 欧元、36.77 欧元和 0.17 欧分。鉴于这些数据，显而易见的是，一个优秀的经济地质学家不会用黄金代替铂金，而会用更加便宜的铝来代替。毫无疑问，这一决定将大大降低催化剂的生产成本，因为催化剂的生产成本高度依赖于矿物原料的价格。

事实上，这三种金属无法相互替代，这里只是用以举例论证观点。在现实的工业生产中，矿物质的相互替换十分常见。金融市场每天都对不断变化且极不稳定的矿物原料成本进行定期和不定期投资。

鉴于经济地质学对矿物原料价格的波动有着浓厚的兴趣，而矿物原料的价格变化严重影响生产国的经济平衡，因此无数历史经验向我们证实了，经济地质学在当今和未来的世界经济中发挥重要作用。

在大谈特谈经济地质学之前，首先，我们应该了解与矿床及其所含矿物有关的基本概念；其次，我们需要找出世界上所有潜在的地质区域；最后，了解这些矿物质对社会的利用价值，即其经济价值也同样重要。

第二节　成矿过程中不同类型的矿床

一　矿床的定义和相关术语

“矿层”是指分布在水平沉积层中的一种沉积的或火成的矿体，通常是有经济价值的矿物聚集体。

“矿床”是指在地壳中由地质作用形成的，其所含有用矿物资源的数量和质量在一定的经济技术条件下能被开发利用的综合地质体。因此，矿层和矿床具有相似的含义。

“矿产资源”是指经过地质成矿作用而形成的，在矿床中包含的具有开发利用价值的矿物或有用元素的集合体。

“矿产资源储量”是指经过矿产资源勘查和可行性评价工作所获得的矿产资源蕴藏量的总称。这意味着矿产资源量总是大于矿产储量，因为矿产物质的回收率永远无法达到100%。由于我们在资源回收方面缺乏完善的生产手段，因此总会有一部分矿产被遗留在矿床中。

“可能储量”“探明储量”和“潜在储量”不可混为一谈。

根据定义，“探明储量”或“1P”是指根据已知的勘探数据、当前的技术和经济条件，未来开采利用率为90%的矿床所具有的矿物质总量；而“可能储量”或“2P”以及“潜在储量”或“3P”的定义与前者完全相同，其矿物质回收率分别为30%和10%。

这三个概念充分展示了世界各生产国所拥有的石油、天然气和煤炭储量。

与储量不同的是，“地质储层”是一种岩石，它具有足够多的孔隙和良好的渗透性，可被流体（石油、水、天然气）浸渍并将其储存。通常情况下，这些岩石表面被不透水层覆盖，以防止流体的泄漏或移动。石油储层（石灰岩、白云岩、砂岩）和矿泉水储层

（岩溶石灰岩、花岗岩）便是如此，因此我们称为“含水层”。

“异常现象”是指地球表面某一特定位置的地下空间，相较于周围环境所出现的异常情况，包含地球物理异常现象（磁性、重力、地震）和地球化学异常现象。正是得益于这些不同类型的异常现象，勘探地质学家和地球物理学家才能够绘制矿质地图并鉴定和划定矿床或矿层。

“矿点”是一种显露的异常现象，即形成矿床的矿物可以用肉眼看到的矿物集中点。

“矿迹”是在采矿或勘探活动中发现和确定的异常现象，对其进行分析有利于我们确定含有矿物质的矿床位置。无论经济环境如何，我们都可以立即或稍后对其进行开采利用。

“矿床学”是地球科学的一个分支学科，致力于研究具有经济价值的可开采矿藏，并研究开采生产对环境的影响。

“地球化学”同样隶属于地球科学，利用化学原理或手段研究地球沉积物并阐释其地质成因，是矿产和石油勘探过程中不可或缺的研究手段。

“金属矿藏学”是地质学的分支学科，致力于研究金属矿床的不同形成机制，并开创矿业勘探地质学家所使用的探矿方法和工具。

地质领域不同类型的矿床分类，取决于主要的形成原因，如地球动力学和构造背景、生产方式、埋藏深度和其他自然因素。

在本书中，我将重点讨论以下几类矿床，岩石中所含矿物质的成矿过程是唯一的分类标准。

二　根据成矿过程对矿床进行分类

在目前世界上已知的主要矿藏中，有相当一部分是根据其成矿过程加以区分的。根据其成矿过程的不同，世界上大部分的矿床，特别是非洲大陆的矿床，主要分为三种类型，即由岩浆、热液和沉积产生的矿床。

（一）*岩浆矿床*

岩浆矿床是指各类岩浆流体从地幔上升到地表时冷却聚集而形成的矿床。玄武岩型黑云岩矿床和花岗岩型长石岩矿床是两种常见的岩浆矿床。

1. 玄武岩型黑云岩矿床

这类矿床的主要成分是硅、铁和镁等矿物质。

此类矿床是被称为“玄武岩”家族的典型代表。岩石的主要矿物成分使得玄武岩型黑云岩矿床的岩石呈现出深色。

这种类型的矿床常见于海洋底部和火山附近，即离热点和大陆板块分离区不远，例如洋脊。

正是在这类矿床中，人们发现了数量可观的金属矿石，即铜、锌、金、银、铅、钴石、铬、铁等。

2. 花岗岩型长石岩矿床

这种类型的矿床主要由硅酸盐矿物，比如石英、长石、闪石和云母等组成。此类矿床是被称为“花岗岩”家族以及“长石”家族的典型代表，后者是长石族矿物的总称，是一类常见的含钙、钠和钾的铝硅酸盐类造岩矿物。这些矿物使得花岗岩型长石岩矿床呈现出浅色。

随着岩浆的上升，主要的硅酸盐矿物在接近地球表面时迅速结晶，而金属矿物质则留存在残余的岩浆液中，因为难以溶解，因此无法渗入硅酸盐矿物。正是这种富含金属矿物的液体，在迁移过程中冷却形成岩石，或析出晶体形成伟晶岩矿床，例如金、铜、铅、铁、锡、锌、银、黄铜矿以及锂、铯等稀有昂贵的金属矿脉。

这些矿床常见于两个大陆板块的相交地区，即大陆板块与大洋板块相交的俯冲区或两个大陆板块的碰撞区。地质和地球动力学是山脉和火山的主要成因，因此我们在这些地区发现了大量的长石岩矿床。

（二）热液矿床

热液矿床，顾名思义，是指含矿热水溶液在一定的物理化学条件下，在各种有利的构造和岩石中，以充填等方式形成的有用矿物堆积体。这些流体通过地下的断层或裂缝向深处流动循环，从而形成与矿脉、角砾岩、伟晶岩、斑岩、片岩以及诸如石英和方解石等脉石矿物有关的矿床或矿群。

这些地质流体在地表以下 10 千米区域内活跃异常。这些流体通常具有较高的温度，而地表温度较低，因此流体中的金属物质在接近地球表面时极易结晶沉淀，矿石类型以及沉积介质取决于流体的性质和来源。

首先，它们可能来自我们在上文提及的富含金属矿物的花岗岩岩浆。

其次，它们也可能始终保持沸腾状态，避免金属元素的凝结沉淀。“沸腾”不仅仅是一种烹饪现象，同样是一种常见的地质现象，常见于平均温度高达 500℃ 的热岩浆，上升至地表的流体也会因压力骤降而呈现出沸腾状态。然后，这些地质流体在自然界中也会以火山气体的形式存在。尽管金属的质量较大，但火山气体在金属的迁移过程中发挥重要作用。

再次，这些地质流体同样来自富含金属的热液源，后者常见于洋脊或洋中裂谷，是地幔中岩浆强力对流的结果。

我将在下一章中详细解释这些稍显陌生的地质学术语，以方便所有读者更好地理解相关介绍。

最后，我们在石油和天然气矿床所含有的盐水中同样发现了这种流体。与前文提及的热液不同，这些盐水的温度极低。

综上所述，热液矿床常见于火山附近，例如我们在大洋中裂谷以及洋壳延伸区附近所发现的硫化物矿床。不仅如此，我们在某些沉积盆地中也发现了这类矿床。目前，我们在大多数非洲国家发现的铜、锡、钨、硫、铅、萤石、金、锌、铂、重晶石、银和铀等都属于热液矿床。

（三）沉积矿床

沉积矿床十分常见。沉积矿床的开采和销售是经济地质学最重要的研究课题，当然也是世界经济的主要来源。

这些矿床是由大陆上现有的岩石经过物理、化学或生物蚀变而形成的。岩石受地表风化作用崩解破碎的含矿碎屑被风、水或冰川搬运，当搬运介质的运载能力削弱时，它们常按体积大小分别沉积下来。非洲和世界各地储量最大的石油、天然气矿床便是通过沉积形成的。

正如我们在本章开头所说，沉积矿床具有最高的经济开发价值，对于世界上的任何一个国家来说，一旦加油站因缺乏石油供应而停止运作，便会面临巨大的经济危机。与碳氢化合物一样，这种类型的矿床是影响世界能源、经济和环境变化的关键因素。

在接下来的几章中，我将简要介绍石油和天然气矿床的形成。非洲拥有众多的碳氢化合物矿床。我将在另一本书中对此展开详细介绍。

除了碳氢化合物矿床，沉积矿床还包括我们在非洲和世界各国的滩涂[①]上所发现的钻石矿床以及金属矿床，例如钛、金和锡等。

蚀变作用是沉积矿床的重要成因，闻名遐迩的红土矿床便是在蚀变作用下形成的，例如储量丰富的铝土矿矿床。

在地球表面，这些红土具有极强的抗侵蚀能力，例如非洲储量最大的铁矿。海底深处的红土矿同样是铁、镍和锰等金属矿物的主

① 是海滩、河滩和湖滩的总称，指沿海大潮高潮位与低潮位之间的潮浸地带。——译者注

要来源之一。

根据其成矿过程，沉积矿床在三种主要的矿床中占据优势地位。

第三节 不同类型的矿石

一 矿石的定义和相关术语

“矿石”是指可从中提取有用组分或其本身具有某种可被利用属性的矿物集合体。矿石具有较高的经济价值，在人类社会的发展中不可或缺，矿石的开采可为人类带来巨大的经济效益。

“矿物质”是矿石的主要成分。它是一种具有经济价值的矿物、晶体或化学元素，它们共同构成具有开发利用价值的矿石。

“矿石的品位”是指矿石中有用组分的含量，一般用质量百分比（%）来表示。

“边界品位”是指矿床经济盈利所需的最低含量，是区分矿石与废石的临界品位。

“吨位”决定了矿层或矿床的大小、体积以及几何形状，也可指代矿石储量。

“矿区”是指根据当地的条件（生产国的政治和社会稳定、矿物原料的成本、矿石的生产和运输成本等），具有经济开发价值的矿床。该区域内的矿石品位和吨位具有重要的商业价值。

采矿项目通常包含以下几个阶段。

首先，进行初步的科学研究。这就是收集资料的初级阶段。我们需要列出在日后工作中重点调查的区域并确定其矿化情况。

其次，对调查区进行初步勘探，主要由国家或国际矿业公司负责完成。我们将在这一阶段获得采矿特许权和调研权，目的在于勘探发现具有经济价值的矿床。

最后，建造开采矿区。包括矿区的开发（采矿城镇、社会经济基础设施）、矿区的扩展以及建造矿区生产所需的基础设施（工厂）。

除了这三个阶段，完整的采矿项目还包括矿区的实际生产、矿石的开采、废料的处理以及矿石的出售，当然最为重要的是，在开采后及时关闭矿区以避免环境污染。在合理保护环境的条件下，我们会对矿区进行改造，以便吸引投资者将其收购。

根据矿物的类型和其他标准，矿石的分类丰富多样。在本章中，我将重点介绍基于矿物的效用或经济利益的分类标准。

二　根据化学成分对矿石进行分类

矿石是固态、液态或气态的矿物，由天然的化学元素组成，遍布地球。鉴别矿物或矿石的首要标准之一，就是它们的化学成分。每种矿石都有独一无二的化学组成。因此，它是我们区分辨别矿物和矿石的基本参数。

一位名叫门捷列夫的著名化学家成功地绘制了元素周期表，涵盖了构成可开发矿石的所有化学元素。这就是众所周知的化学元素周期表或门捷列夫表。

如果矿物主要由周期表中唯一且仅有的某一种化学元素组成，我们便将其称为“自然矿物”或“纯净矿物”。例如，自然金是自然产生的金元素矿物，Au 是金的化学符号。

根据每个元素不同的化学性质，我们对表格中的化学元素进行了分类，也是间接地对底土矿物进行分类。目前已知的矿物主要有以下几类：碱金属、碱土金属、过渡金属、贫金属、卤素、稀有气体、镧系元素和锕系元素。

在介绍这些化学元素时，我将用地质学定义取代其量子力学定义，以便读者们更好地理解所有相关术语。

（一）碱金属

元素周期表中位于第一列的化学元素是碱金属，它们是带有光泽的软金属，硬度较低，在正常的温度和压力条件下，特别是在潮湿环境中，具有高反应性。

它们是锂（Li）、钠（Na）、钾（K）、铷（Rb）、铯（Cs）和钫（Fr）。

它们被广泛应用于工业和技术领域。

（二）碱土金属

元素周期表中位于第二列的化学元素是碱土金属。它们通常是银白色、带有光泽、可塑性较强的金属，在空气中反应强烈。

它们是铍（Be）、镁（Mg）、钙（Ca）、锶（Sr）、钡（Ba）和镭（Ra）。

它们主要应用于工业、军事、石油工业和技术领域。如今，镭元素已被禁止使用，因为它具有放射性。

（三）镧系元素

元素周期表中位于第八行的化学元素是镧系元素。“镧”是这个家族的第一个化学元素。著名的稀土家族包括钪（Sc）、钇（Y）和镧系元素，是当今技术领域不可或缺的矿物种类。

这些金属大多是明亮夺目的，带有银色光泽，暴露在空气中极易变得暗沉。

除了过渡金属，它们具有最高的熔点和沸点，并具有强烈的氧化还原性，因此常被用于制造打火机。

目前已知的15种镧系元素分别是：镧（La）、铈（Ce）、镨（Pr）、钕（Nd）、钷（Pm）、钐（Sm）、钆（Gd）、铽（Tb）、镝（Dy）、钬（Ho）、铒（Er）、铥（Tm）、镱（Yb）和镥（Lu）。

镧系元素通常应用于核工业和石油工业，并对电子技术的发展做出了巨大贡献。

（四）锕系元素

元素周期表中位于第九行的化学元素是锕系元素。与镧系元素一样，“锕”是这个家族的第一个化学元素。

它们是重金属元素，具有较高的放射性。锕系家族中最声名显赫的矿物是铀。铀、钚、钍，主要应用于核工业领域。锕系元素的前两种元素在地球表面以天然形式存在，而其他元素则是由铀和钍的衰变而成，或通过核工业合成。例如，锕和镤分别是铀和钍的衰变产物。

锕系元素包括：锕（Ac）、钍（Th）、镤（Pa）、铀（U）、镎（Np）、钚（Pu）、镅（Am）、锔（Cm）、锫（Bk）、锎（Cf）、锿（Es）、镄（Fm）、钔（Md）、锘（No）和铹（Lr）。

放射性锕系元素被广泛应用于核反应堆和核武器的制造。

（五）过渡金属

过渡金属由元素周期表中第 3 至 11 列的化学元素组成，包括镧系元素和锕系元素。

在第 12 列元素中，过渡金属只包括鎶（Cn），而在第 9、第 10 和第 11 列中，鿏（Mt）、鐽（Ds）和轮（Rg）都属于过渡元素。

过渡金属具有良好的导电性，因此被广泛应用于军事和其他业务领域，我将在稍后进一步展开介绍。

除了已经提及的化学元素，采矿业中最稀有、最昂贵的金属都属于这个家族，例如：金（Au）、银（Ag）、铂（Pt）、钯（Pd）、镍（Ni）、钴（Co）、铁（Fe）、钒（V）、铜（Cu）、钛（Ti）、锰（Mn）、铬（Cr）、钨（W）、钽（Ta）、铪（Hf）、钪（Sc）、锆（Zr）、铌（Nb）、钼（Mo）、钌（Ru）、铑（Rh）、钇（Y）、锝（Te）、锇（Os）、铱（Ir）、𬬻（Rf）、𬭊（Db）、𬭳（Sg）、𬭛（Bh）、𬭶（Hs）。

（六）类金属

类金属元素是指位于元素周期表第13至17列对角线上的化学元素。这个家族中的元素，介于金属和非金属之间或具有二者混合属性。

与金属元素不同，类金属非常脆弱，具有较差的导电性，因此常在电子工业中被用作超导体或半导体，或与其他金属制成合金使用。

已知的类金属包括：硼（B）、硅（Si）、锗（Ge）、砷（As）、锑（Sb）、碲（Te）和砹（At）。

（七）非金属

元素周期表中位于右上角的化学元素是非金属，在它们的左边是类金属元素。

顾名思义，非金属元素不属于金属矿物，缺乏金属元素的物理特性，例如弹性、延展性和韧性等。非金属通常以气态、固态或液态形式存在。

气态非金属包括氢（H）、氦（He）、氮（N）、氧（O）、氖（Ne）、氟（F）、氯（Cl）、氩（Ar）、氪（Cr）、氡（Rn）和氙（Xe）；固态非金属由碳（C）、硫（S）、硒（Se）、磷（P）和碘（I）组成；而液态非金属仅以溴（Br）为代表。

在对元素周期表的成分进行完整分析后，我们并不会奇怪为什么钻石不属于非金属元素。这是因为，钻石是碳在高压和高温下转化而成的产物。我将在介绍非洲国家矿石资源时进一步论述这一主题，这些非洲国家拥有超乎想象的钻石潜力。

非金属因其独特的属性备受欢迎，常被用作隔热或隔电材料。此外，地球生命的基础成分均来自非金属元素。

事实上，地球生物的组成成分主要包括氢、氧、碳、氮和磷等元素。一半以上的海洋、大气以及被称为“地壳”的地球表面都由氧气组成。此外，氦和氢构成了大约99%的基本粒子（质子、中子和电子），它们是重子物质、恒星、星系和星体的重要组成成分。简而言之，非金属涵盖了生命所需的基本元素。

（八）贫金属

贫金属是指分布在元素周期表中第 12 至第 16 列的元素，左邻过渡金属，右靠类金属。

这些元素比其他金属更软、更弱、沸点更低，因此被称为“贫金属”。与过渡金属相同，贫金属常被广泛用于汽车和航空航天工业以及建筑业，是巨型建筑物的主要材料。

贫金属包括铝（Al）、锌（Zn）、锡（Sn）、铅（Pb）、镉（Cd）、汞（Hg）、铟（In）、镓（Ga）、铊（Tl）、铋（Bi）和钋（Po）。

（九）卤素

卤素是元素周期表中位于第 17 列的元素。它们在自然界都以典型的盐类存在，是重要的成盐元素。

虽然我们将放射性的砹（At）归于这一家族，但是由于其具有卤素所不具备的金属特性，因此砹实际上属于类金属家族。

卤素通常释放产生大量的阴离子（携带负电荷的离子），与阳离子结合形成分子。常见的盐类分子包括：食品领域的食盐、卫生领域的漂白剂、摄影领域的光吸收剂、药学领域的碘化合物以及能源领域的照明灯。

卤素类包括氯（Cl）、氟（F）、溴（Br）、碘（I）和具有放射性的石田（Ts）。

（十）稀有气体

稀有气体包含元素周期表中位于第 18 列的化学元素。它们是无味无色的惰性气体，难以发生化学反应。稀有气体的应用十分广泛。

目前已知的惰性气体包括氦（He）、氩（Ar）、氪（Kr）、氖（Ne）、氙（Xe）和氡（Rn），后者具有放射性。

氩气和氪气常被用于制造白炽灯泡，能够防止钨丝的氧化。

氦气被用于潜水器械，以抵消氮气和氧气的毒性。

这些惰性气体通常被用来测量盖革计数器[①]的放射性。它们也常被应用于冶金业，特别是焊接业，用以在金属切割期间隔绝氧气；在电影业，它们是保障投影仪正常运行的关键所在。不仅如此，它们还是汽车前灯的主要制作材料。而在医学领域，作为准分子激光紫外线光束的气态组成，稀有气体有利于改进手术过程中的医学成像。

三　根据经济效用和经济价值对矿石进行分类

矿石的市场价值在很大程度上取决于它们对经济社会发展的推动作用。如果矿石在推动经济发展的领域中发挥重要作用，那么在国际市场就具有极高的经济价值。例如，沙子或砾石的市场价值远远不如一千克钻石或一根金条，它们的应用领域截然不同。

我们以能源开发和新兴技术为例，二者拥有广阔的贸易前景，因此在国际市场上日渐流行。根据二者目前带来的经济利益，对所需的矿物原材料进行大规模投资意义重大。相较于其他原料，能源开发以及新兴技术对矿石的需求量日益增长，矿石的成本随之不断上升。

应用于新兴产业和低利润产业的矿石千差万别，前者往往具有更高的商业价值。

当然，矿石的稀缺性也是其价格昂贵的原因之一，这大大增加了原料成本。

除了上述提及的因素，根据其经济效用、金属或非金属特性，我们将矿石分为以下几类（表2）。

---

① 一种专门探测电离辐射（α 粒子、β 粒子、γ 射线和 X 射线）强度的计数仪器。——译者注

表 2　根据用途和战略性质对矿石进行分类

特性	经济效用		矿石
金属矿石	黑色金属	黑色金属	磁铁矿
			铬
			镍
			黄铁矿
			赤铁矿
			黄铜矿
			闪锌矿
			钛铁矿
			锰
			黑钨矿
			镍铁矿
	有色金属	贵金属	金
			钯
			铂
			银
			铑
		半贵金属	钛
			铜
			锌
			锂
			钴
		贱金属	铅
			锌
			锡
			铜
		科技金属	稀土
			锂
			钶钽铁矿（铌钽铁矿）
			钴
			钛
		其他金属	铝（铝土矿）

续表

特性	经济效用	矿石
非金属矿石	矿物和能源燃料	石油
		铀
		天然气
		煤炭
		煤
	贵重宝石	钻石
		红宝石
		蓝宝石
		祖母绿
	半宝石或精美宝石	锆石
		黄玉
		绿松石
		电气石
		石榴石
	工业矿物	黏土
		磷酸盐
		二氧化硅（砂）
		石膏
	建筑材料	沙
		砾石
		黏土
战略矿石	能源矿石	石油
		天然气
		铀
	战略性金属	钛
		钴
		钢（铝、铁……）
		钴
		稀土
		钶钽铁矿（铌钽铁矿）
	其他	氦

（一）金属矿石

金属矿石指具有明显金属特性的矿物。它们绝大多数是重金属元素的化合物，例如呈灰黑色的铁矿物，或其他的有色金属化合物。金属矿石通常以固态形式存在。

金属矿石具有多种物理特性，包括延展性或脆性、可锻性、抗氧化性、硬度、导热性、导电性、韧性、金属密度和金属的熔点等。

金属的“延展性”是指可锤炼、可压延的程度。

金属的“可锻性”是指金属材料在压力加工时能改变形状而不产生裂纹的性能。例如，黄金是最具延展性和可锻性的金属，常被用来装饰或翻新历史建筑（如法国巴黎的建筑）。

“抗氧化性”是指金属材料在高温时抵抗氧化性气氛腐蚀作用的能力。

“硬度”是指金属材料抵抗更硬的物体穿入其内部的能力。

“导热性”是指金属传递热量的能力，导电性是指金属传导电流的能力。

“韧性”是表征材料阻止裂纹扩展的能力。

“密度”是指单位体积内金属的质量。

“熔点”是金属由固态转变（熔化）为液态的温度。金属的密度和熔点分别取决于参照物体和参照气体的密度。

除此之外，金属矿石还具有另一特性：我们时常通过加热或添加化学试剂提取相关金属元素，因此采矿过程产生的化学废物大多具有毒性，这也是为什么金属矿石的开发很容易引发一系列的环境问题。

1. 黑色金属

黑色金属主要指铁及其合金，如钢、生铁、铁合金、铸铁等。

黑色金属在底土中含量丰富，不仅极易开发利用，还因较高的氧化还原性极易生锈变质，因此价格远低于其他金属。

常见的黑色金属包括铁（Fe）、锰（Mn）、镍（Ni）、钴（Co）、钨（W）、钼（Mo）、钒（V）和铬（Cr）。

2. 有色金属

有色金属通常指除去铁（有时也除去锰和铬）和铁基合金以外的所有金属。

不同于黑色金属，有色金属不易被氧化腐蚀。有色金属十分稀少，并且纯度较高，因此通常具有较高的商业价值。有色金属的应用丰富多样。

有色金属进一步细分为贵金属、贱金属、科技金属和其他不属于上述任何一类的金属。

（1）贵金属和半贵金属

贵金属是指稀有的、具有极高经济价值的金属矿物质。“贵”很好地体现了这类金属的经济效益和卓越品质，它们在采矿业中备受关注。

然而，这些金属的珍贵程度是相对的，因为一种金属的价值或价格，取决于这种矿物质的供需平衡。

显而易见的是，如果一种金属极难获取，而对它的需求却日益增加，那么这种金属往往价值连城。值得注意的是，贵金属并不意味着这些金属的价格非常昂贵。

目前已知的贵金属主要包括金（Au）、铂（Pt）、银（Ag）、钯（Pd）和铑（Rh）。它们通常广泛应用于珠宝业和银行业。

虽然半贵金属的商业价值远不如贵金属，但是仍然十分罕见。半贵金属包括钛（Ti）、铜（Cu）以及其他的贱金属和高科技金属。

（2）贱金属

贱金属是最为常见的工业非铁金属。它们被广泛用于经济生产活动，特别是工业、建筑业和电子领域。此外，它们是自然界中含量丰富的廉价金属。与金（Au）和铂（Pt）等稀有昂贵的贵金属相比，我们不费吹灰之力就可以轻易地开采。

这些金属一旦暴露于空气或潮湿的环境，就会快速地与氧气发生反应并失去金属光泽，因此贱金属极易被腐蚀。

常见的贱金属包括铜（Cu）、锌（Zn）、铅（Pb）、锡（Sn）、锑（Sb）和钴（Co）。有的人也会把镍（Ni）、铝（Al）、铁（Fe）归入其中。铁通常与碳结合，用于制造钢和生铁。

铁和铝是工业领域最常使用的贱金属，因为它们在底土中的含量非常丰富（铁为5.6%，铝为8.2%）。值得一提的是，铁的利用率高，因为提纯过程所需的能源更少，方法更加简单。

与此同时，地壳中含量较少的铜、锌、钴、锡和其他金属则被广泛应用于其他领域，尤其是电子领域。

鉴于目前已知的应用领域，贱金属在全球经济的发展过程中发挥重要作用。例如，钢铁、铜或镍的价格上升或下降都会对世界经济产生重大影响，并引发全球股市或金融市场的动荡。

（3）科技金属：稀土和其他金属

顾名思义，科技金属是近年来数字产品制造以及21世纪新兴技术创新的核心材料。

正是由于科技金属的广泛应用，这些全新的经济发展形式以及互联网在线贸易应运而生。这些推陈出新的经济形式被统称为“新经济”，在证券交易所上市的多家公司以及金融市场广为流行。自2000年以来，即21世纪初以来，新兴经济已经成为世界公民日常生活中不可或缺的一部分。

这些科技金属还被用于全新的信息和通信技术（ICT），有效推动了高科技和互联产品的迅速普及。此外，它们还广泛应用于绿色经济，例如风能和太阳能等环境友好型新能源的开发，以及汽车行业中电动汽车的兴起与生产。

稀土是广为人知的科技金属之一。稀土并不稀少，它在底土中的含量与铜和锌一样丰富。事实上，它在底土中的含量是铅的10倍，是贵金属银的100倍。

稀土之所以被称为稀有金属，主要有三个原因：第一，中国垄断了世界上90%以上的稀土生产，并将其作为一种地缘政治力量；第二，几乎所有的稀土都广泛应用于21世纪最主要的技术产业；第三，我们对稀土的替代金属知之甚少，因此其稀缺性和重要性不言而喻，稀土在多个应用领域供不应求。

像大多数金属一样，稀土具有金属的物理特性。它是柔软的，具有良好的可塑性和延展性，在高温条件下发生剧烈反应。

稀土主要包括钪（Sc）、钇（Y）和15种镧系元素，即镧（La）、铈（Ce）、镨（Pr）、钕（Nd）、钷（Pr）、钐（Sm）、铕（Eu）、钆（Gd）、铽（Tb）、镝（Dy）、钬（Ho）、铒（Er）、铥（Tm）、镱（Yb）和镥（Lu）。

没有稀土，我们就无法生产智能手机芯片、电脑触摸屏、液晶显示器（LCD）、发光二极管（LED）灯、科技行业的光伏或太阳能板以及汽车行业的电动或混合动力汽车。

没有稀土，我们就无法制造广泛应用于军事和安全领域的雷达和声呐传感器以及武器不可或缺的瞄准系统。在核工业领域，作为铀（U）的裂变产物，钷（Pr）将被用作能源和电源在航空航天领域大放异彩。

法国地质和矿产研究局（BRGM）的数据显示，2014年的稀土产量达到14.4万吨，消费量为12万吨，获得约32亿欧元的盈利，这对当时的世界经济来说具有举足轻重的影响。现如今，这些数字仍在不断上升。

除了上述稀土外，镓（Ga）、锂（Li）、铌（Nb）、铂（Pt）、钛（Ti）和钽（Ta）等，在新型经济的发展过程中同样发挥着重要的战略性作用。

确切地说，出自钶钽铁矿的钽是电话系统中最受欢迎的金属之一，而非洲拥有超过90%的钶钽铁矿储量。

与众多金属矿物一样，稀土和其他科技金属的提取会产生具有毒性或放射性的矿物废料，严重污染生态环境。但尽管如此，科技金属仍然备受重视，以至于一些经济学家和地质学家将其描述为未来大有可为的矿物原料。

（二）非金属矿石

非金属矿石是不含金属的矿物质。它们通常以固态、液态或气态形式存在于底土中。

这一类矿石，涵盖了矿物燃料、宝石和半宝石、工业矿物和建筑材料。因此，非金属矿石的特性丰富多样，矿物成分和化学成分上也不尽相同。

与金属矿石一样，非金属矿石的开采同样会对生态环境造成不良影响。

1. 矿物和能源燃料

矿物燃料是固态（煤、泥炭、煤炭、铀）、液态（石油）或气态（天然气）矿物原料的统称，具有可燃性，除了铀之外都富含碳（C）且主要由碳氢化合物组成。

矿物燃料是目前世界上最重要的能源，领先于核能、太阳能、风能、水能、热能和所有其他已知的能源。地球表面80%的可用能源来自矿物燃料。这意味着，世界经济高度依赖于矿物燃料。

现如今，缺乏矿产资源和能源储备的国家注定会经济衰退，因为碳氢化合物，也就是矿物或能源燃料，广泛应用于推动国家经济发展的大多数盈利性的活动，例如用于汽车行驶的燃料、用于商务航空旅行的煤油、用于家庭烹饪和取暖的天然气或用于工厂或船舶生产的煤炭，简而言之，所有的工业生产或商业活动都离不开矿物资源的能量供应。不仅如此，房屋装饰所使用的塑料产品都直接来源于能源矿物，因为大部分塑料是利用石油等化石原料提炼后的副产品经过聚合作用形成的高分子聚合物。

矿物燃料同样也是化石燃料。不同于其他能源，矿物燃料不可再生。的确，环保组织强烈反对开采矿物燃料，但不可否认的是，这些矿物早已成为人们日常生活中不可替代的能量资源，以至于在矿物原料的金融贸易中占有最大份额。

在本书中，我用了很多篇幅介绍能源燃料，尤其关注它们的形成原因和常见区域，因为它们是对于世界各国至关重要的战略矿石。除此之外，它们也是人类发生冲突的原因所在，是引发过去、现在和未来许多战争的罪魁祸首。矿物燃料的重要性不言而喻。为了丰富可供长期使用的能源储备，大多数国家不惜付出一切代价来获得这些珍贵的能源资源。当地缘政治专家提到与石油有关的冲突时，“石油诅咒”[①] 总是不绝于耳。

事实上，人们早已发现，所有拥有大量石油矿床的第三世界或发展中国家都不可避免地面临着激烈的战争。这并非本书的研究主题，我将在另一本书中揭示这一现象，并详细介绍所有拥有丰富石油和天然气资源的非洲国家。

铀（U）是仅次于碳氢化合物的第二大矿物燃料，因广泛应用于核电站的发电系统而备受推崇。它是核能的主要矿物原料。朝鲜和伊朗等国家拥有丰富的铀储量。法国等欧洲国家在拥有核武器或原子弹的同时，每天都要忍受环保人士提出的关闭核电站的诉求。

与法国相反，许多国家的发展仍然高度依赖铀，并打算对其进一步开发利用，以便在未来很长一段时间内从核能中获益。近几十

---

① “石油诅咒”是国际政治中的一个现象，即一些国家在发现了丰富的石油储藏后，开发石油资源不仅没有使国家得到良好的发展，反而倒退，让广大民众陷入贫困。——译者注

年来，经济发展活动对铀的需求持续增长。与石油一样，非洲拥有数量可观的矿物原料，例如法国阿海珐集团（Areva）在加蓬和尼日尔开采的著名铀矿。

2. 宝石、贵重宝石和半宝石或精美宝石

宝石是精美、珍贵或装饰性的矿石。它们是天然的或人造的、坚若磐石、引人注目且璀璨多彩的非金属矿物质，常用于项链、耳环、戒指以及其他珠宝和奢侈品。

宝石的价值决定了采矿业在经济领域中不可撼动的地位。

事实上，仅仅几克宝石就足以改变发现者的社会阶层，宝石生产国的经济命运将会发生翻天覆地的变化。

宝石主要分为以下三种类型：贵重宝石、半宝石或精美宝石以及有机宝石。在本书中，我们只重点关注前两种宝石。

（1）贵重宝石

贵重宝石是指坚硬、稀有、高纯度且极具观赏性的宝石或天然非金属矿石。在珠宝业、首饰业或金银器业备受欣赏的矿物家族都属于贵重宝石。因为它们具有无可比拟的独特属性，我们通常将其称为“珍宝”。

采矿业中闻名遐迩的四种贵重宝石分别是钻石、红宝石、蓝宝石和祖母绿。当然，其中最为常见的是钻石。

直到今天，钻石仍然是世界各地冲突不断的主要缘由，因为所有的矿工都想将它们占为己有，毕竟与钻石销售有关的金融外汇相当可观。对世界上的许多人来说，钻石是财富和荣誉的标志。谁不想在项链上或求婚戒指上镶嵌钻石呢？钻石是人人梦寐以求的财富。然而不幸的是，它是一种极为罕见的矿石，只存在于特定区域。非洲大陆是少数拥有数量丰富且质量上乘钻石的地区之一。也正因如此，非洲随处可见与不法商人的激烈斗争，斗争的对象往往是所有利用钻石买卖战争武器的游说集团。他们利用这种方式，挑起非洲人民的内部矛盾。

因此，钻石是经济地质学和地缘政治学的核心内容。

在本书的后续章节，我将重点介绍它对矿业经济的重要性，并探讨钻石能为非洲等经济不发达大陆带来哪些财政资源。显而易见，钻石对非洲国家的社会经济发展不可或缺。

（2）半宝石或精美宝石

精美宝石，也曾称为半宝石，是指不属于上述四类宝石的其他宝石。精美宝石并不意味着它们比贵重宝石更具美感，而是说明它们具有更低的经济价值。

很明显，像钻石这样备受追捧的名贵宝石拥有难以匹敌的经济价值，但是半宝石的市场价值同样不容忽视。近代以来，它们被改称为半宝石，这并不是巧合。

与贵重宝石一样，精美宝石也是珠宝等奢侈品领域所津津乐道的话题。

精美宝石种类繁多，主要包括碧玺、锆石、黄玉、石榴石、玉石、绿柱石、玉髓、玛瑙、坦桑石、绿松石、孔雀石、黄水晶、玛瑙、紫水晶、石英等。

3. 工业矿物

工业矿物是用于开发人类常用产品的天然矿物原料。根据定义，它们也是具有经济价值的矿物，但不属于能源矿石、金属和宝石。

这些矿石的应用范围涵盖众多工业领域，例如建筑、公共工程、制药、水质处理、造纸、化妆品、玻璃、陶瓷、雕塑、绘画、农业、航空、汽车，还有电子。

工业矿物数量庞大且种类繁多，主要包括石灰石、砾石、石灰、滑石、黏土、硅石、白云石、大理石、盐、石膏、高岭土、硅藻土、膨润土、石英、钾盐、磷酸盐、硼酸盐、红柱石和砂。

让我们来看看具体的应用实例。

在建筑业和公共工程中，黏土和石灰石是水泥工业的原材料。这是发展活跃的领域之一。无论是在发达国家还是不发达国家，都可以看到如火如荼施工中的公共工程。沙子或黏土与水泥结合，可用于制作砖头和瓷砖，辅以瓦片装饰就可以建造精巧华丽的摩天大楼。例如，碳酸钙（石灰石）、滑石、高岭土、膨润土和盐占据了纸张成分的50%。

在农业方面，磷酸盐常被用于制作化学肥料，以促进世界各地的农业生产。由于世界人口的不断增长，化肥及工业矿物原料在农业生产中发挥重要作用。肥料为世界经济的发展带来持久性的双重影响。

在食品领域，石灰和硅藻土常被用于饮用水过滤材料和其他消费品。

在医疗卫生方面，石膏用于制作牙科模具或保护患者伤口的固定材料。

工业矿物的金融贸易通常由大规模企业或名声显赫的大公司运作，企业家们在竞争激烈的商业世界中占有一席之地。例如，商人阿里科·丹戈特（Aliko Dangote）先生依靠非洲的水泥开采发家致富，并征服了欧洲和美国新市场，将所有潜在客户收入囊中。由此可见，工业矿物在经济地质学和采矿业中具有举足轻重的地位。

4. 建筑材料

建筑材料是专门用于建筑领域，即建筑业和公共工程的非金属矿物质。部分建筑材料属于工业矿物。

它们常见于被称为“采石场”的矿床或矿层中。有的采石场是露天的，有的则深埋于地下。例如，海砂、湖砂或河砂、黏土、石灰石、砂岩、混凝土骨料和砾石的采石场备受欢迎。碎石场更是炙手可热，产出的砾石是花岗岩的主要副产品。建筑专家们对此了然于心。

房地产业是安全稳定、可持续且高盈利的投资领域之一，因为大多数建筑物会随着时间的推移而不断增值。如果我们环游世界就会发现，无论贫富与否，住房问题始终是最基本的民生问题。从巴黎到纽约，从拉各斯到东京，住房总是供不应求。这也是房地产项目逐年增加的主要原因。然而，房地产项目与建筑构造息息相关，因此人们对建筑材料的需求是永久稳定的。

值得注意的是，建筑业和公共工程需要大量的劳动力支撑。在这一领域大显身手的法国公司，如万喜建筑公司（Vinci Construction)、布依格不动产公司（Bouygues Immobilier)、埃法日建筑公司（Eiffage Construction）和波洛莱公司（Bolloré)，都成功地在证券交易所上市。持续上涨的股价充分说明，建筑材料是房地产领域蓬勃活力的核心所在，也是推动现代化城市建设以及国家经济发展的重要因素。

四　战略性矿产

战略性矿产是稀有的天然矿物质，在地球表面分布不均，价格昂贵且极难获取，但在经济、工业、技术、科学和军事领域发挥重要作用，对国家未来的发展不可或缺。它们是人类在未来几个世纪重点关注的原材料。

这些矿产关乎国家的主权问题，涉及敏感、战略性和至关重要的应用领域。它们充分保障国家的内外部安全以及能源安全。

简而言之，如果一种矿产符合以下四个标准，就属于战略性矿产：第一，它对民用和军用工业不可或缺；第二，矿石供应高度依赖他国；第三，矿床常见于经济和安全极不稳定的国家；第四，矿产供应区数量稀少。当然，这并不全面。

战略性矿产是指在促进全球经济发展和维护世界和平方面具有

多重重要性的矿产资源。然而，考虑到它们所在地区周围的地缘战略、政治和安全性，我们难以开发利用相关资源。因此，这类矿物极为稀缺，以至于发达国家热衷于丰富资源储备，并想方设法地获取战略性自然资源。由于世界各国对这些矿物资源的疯狂迷恋日益增长，且不断引发激烈的资源争夺战，因此它们具有战略性质。

现如今，控制战略性矿产并拥有丰富国有储量的国家，也毫无疑问地掌控着世界及全球经济。这是大多数发达国家的制胜法宝。

事实上，尽管许多发达国家缺乏足够的战略性矿产资源，但它们却拥有最丰富的矿产储量，源源不断地从以非洲国家为首的第三世界国家进口产品。这就是为什么这些发达国家总是坦然自若地面对突如其来的经济或能源危机，无论是怎样猛烈的金融危机，他们总是泰然处之。发达国家之所以拥有抵御经济冲击的强劲实力，是因为丰富的战略性矿产储备为他们提供了应对严峻经济形势的有效手段。

与其他大陆不同，非洲是世界上少数拥有大量战略矿石矿床的地区之一。然而，非洲缺乏可持续的供应储备政策，因此世界各国费尽心思地拉拢非洲，致力于通过丰富储备来保障能源独立。发达国家深谙其道，战略性矿产储备是其应对破产或经济危机的一个有效途径。

西方国家不仅是消费大国，还制定了全面的能源和地缘战略政策，并以此跻身世界经济和军事大国之列。得益于充分的战略性矿产储备，它们在21世纪彻底改变人类生活的工业领域独占鳌头，不仅能够独立有效运转相关产业，还能拥有不可战胜的强大竞争力。

战略性矿产涵盖两个矿物家族：战略性金属和能源矿物。

战略性金属主要包括稀土和其他科技金属，例如镓（Ga）、锂（Li）、铌（Nb）、铂（Pt）、钛（Ti）、钽（Ta）、锗（Ge）、铪

（Hf）、铟（In）、铼（Re）、硒（Se）、碲（Te）、铋（Bi）、钴（Co）、钨（W）、汞（Hg）、镁（Mg）、石墨（C）和铅（Pb）。

诚然，这个清单并不详尽，但如果没有这些金属的支撑，技术行业难以维持高速发展的水平。例如，技术的不断革新以及层出不穷的智能手机应用程序都与战略性矿产息息相关。

新信息和通信技术是高度依赖战略性矿产的领域之一。智能手机和连接设备的广泛普及就是最好的证明。

事实上，智能手机电池的主要成分是锂、钴和产自钶钽铁矿的钶钽铁矿石（图2）。值得注意的是，非洲拥有最大的金属矿床。今天，通信工具对于国家情报局的工作或日常电话交流不可或缺，它们在我们的日常生活中无处不在，战略性金属在我们的日常中占

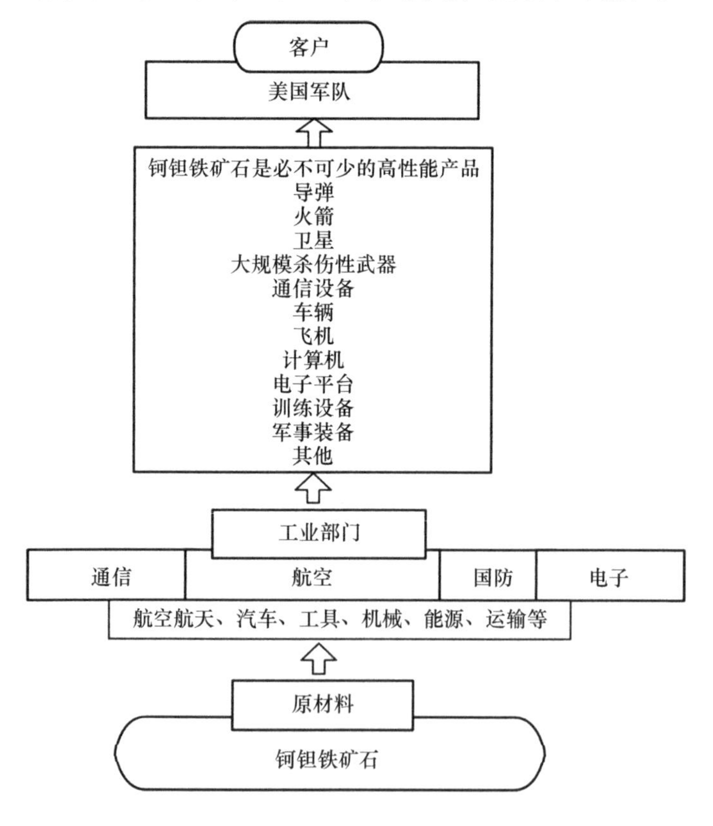

图2 刚果钶钽铁矿石贸易路线

据主导地位。这一点毋庸置疑，因为对于沉迷智能手机的人来说，哪怕只是一个小时不碰手机，都是个奇迹。战略性金属的应用不胜枚举。

另一类战略性矿产包括所有的能源矿产，例如石油、天然气、煤炭和铀。能源矿产是能源生产活动以及经济发展必不可少的矿物资源。

如果有朝一日世界各国的加油站都消耗殆尽，就像货车司机或碳氢化合物部门的工作人员参与罢工的情况一样，我们会看到，在接下来的几小时内，如果问题始终得不到及时解决，所有的经济发展活动都会放缓或中止。随之而来的全民抗议和社会紧张局势更是危机重重，因为人们会毫不犹豫地走上街头，强烈抗议生活必需品的供不应求，例如燃料、天然气、水电等。

尽管根据专家们的预测，能源资源会逐渐枯竭，但世界各国仍然没有放弃获取这些战略性矿产，因为它们仍然是经济强国立于世界前列的关键所在。在我们发现其他战略性矿产之前，人们对这些能源资源的依赖还将长达数十年，因为这些矿产原料为人类的生活提供便利。

第四节　地质学和历史地质学的基本概念

一　地质时标

地球科学有一个特定的时间尺度，它与我们的历史尺度截然不同。我们的历史尺度是根据 2000 年前耶稣基督死前和死后发生的事件来划分的。因此，我们不应将这两个时间尺度混为一谈。

地球科学尺度也被称为地质时标。我们通过测年法来确定地质事件发生的时间，它是重要的时间参数，也是我们定位某些石油和矿产矿床的参考坐标。为了在空间和时间上准确定位矿床，了解地质时标至关重要。

空间分布表征了地质事件在地球表面的发生位置（X 和 Y），而时间分布则表明了事件发生的深度（Z）或事件的时间维度。地质时标划分并记载了地球进化过程中的地质事件。根据地质学定义，地质年代的时间表述单位包括宙、代、纪、世、期。

“宙”是最大的地质年代阶段，由次级“代”组成。每一个“代”又可被细分为几个次级的单元“纪”。“纪”一般还可以再细分为两个或三个阶段，这时被称为“世”。

根据地质学家的说法，地球大约诞生于46亿年前，发展历史细分如下。

首先是冥古宙，它代表了距今36亿至46亿年前，从地球诞生到第一批生命出现的历史。

其次，在距今25亿年至38亿年前的太古宙，蓝藻和叠层石诞生于这个时代。

再次，是距今5.4亿年至25亿年前的元古宙，第一批被称为真核生物的单细胞生物、多细胞生物以及第一批贝壳化石应运而生。

最后，是以5.4亿年前生命爆发为标志的显生宙。我们当下便处于这个历史阶段。它只占地球历史的1/10，但同时也是非常重要的发展阶段。与前三个阶段不同，显生宙不仅关乎人类文明，也是采矿和石油公司的兴趣所在，它们通过研究显生宙的地质事件来定位矿藏的历史形成位置。因此，它是名副其实的“当代宙”。

显生宙进一步分为古生代（2.5亿年前至5.4亿年前）、中生代（0.65亿年前至2.5亿年前）和新生代（0.65亿年前至现在）三个阶段。新生代包括古近纪、第三纪和第四纪。第四纪是新生代最新的一个纪，人类进化的历史就发生在第四纪。

二　不同的学科，同一个目标

“地球科学”又称“地学”（géosciences），是除了地质学之外，还需要大量的数学、物理学、生物学和化学知识的研究领域。

例如，岩石由具有特定化学式的矿物组成，由此需要化学的参与。底土由属于动物或植物王国的死去且通常是化石的或是活的生物组成，这意味着需要用生物学知识来识别它们。矿产或石油资源集中在它们形成矿床的地区。这些矿床的储量需要在开采前进行精确量化和评估，因此数学和物理学方面的科学知识也是不可或缺的。

地球科学代表着一个跨学科和多学科的极点。它是上述所有学科与地质科学及地质物理学的交汇点。

地质科学包括许多分支，即地层学、古生物学、年代学、大地构造学、构造地质学、内部和外部地球动力学、自然地理学、岩石学、成矿学、矿物学、晶体学、地球化学、制图学等。

地质物理学也有不同的分支，其中三个主要分支是（海洋和陆地）石油地球物理学、采矿地球物理学和水文地球物理学。

如今，如果不运用空间定位的基本知识就越发不可能研究地球科学，因此不可避免地需要在地形学和地理信息系统（GIS），特别是在遥感探测和地球空间地理信息科学方面拥有先进的知识。

所有这些学科都是为了实现相同的目标，它们的共同目标就是更好地了解底土及其矿产资源。

（一）地质层的测年方法

在地质学中，特别是在石油和矿产研究中，确定地质事件的日期并还原过去的地理和气候条件至关重要。此处分别涉及古地理学和古气候学。地质年代学主要研究测算岩石及各类地质事件所在年代的测年方法。地质年代的推算以当下的观察为基础。正如地质学

经典格言所说:

我们必须依靠当前的观察来解释过去的事件。

例如，撒哈拉沙漠等沙漠地区极度干旱缺水，乍一看，没有任何迹象表明我们能在这些地方发现储量丰富的石油或天然气矿床。那么，我们究竟如何辨别这些地方是否存在碳氢化合物呢?

正是通过追溯沙漠中曾经存在的大海痕迹或历史地质事件的发生轨迹，我们能够准确推断出，这些地方存在古生物和有机物的沉积化合物。这些沉积物在温度和压力的作用下，随着时间的推移逐渐形成沉积岩。石油和天然气常见于沉积岩层中。通过分析历史地质事件，我们得以在今天确定，这些沙漠地区拥有巨大的石油潜力。为了推算地质事件发生的具体年代，地质学家们通常采用以下两种测年方法：相对测年法和绝对测年法。

1. 相对测年法：地层学和古生物学

“相对年代”是根据类型学和地层学分析得到的年代早晚序列，不论测定的绝对年代有怎样的偏差，其年代早晚的序列不会错误逆转，因此具有一定的绝对性。“地层学”是地质学的一个分支，研究内容包括地层的时代和地理分布、地层的分类，以及各种岩石之间的关系等。

相对测年法对采矿和石油工业至关重要，主要依赖以下四种原理：切割原理、原始水平原理、叠覆原理和侧向连续原理。

“切割原理”指的是，年轻高硬度的岩石通过相对运动穿透切割老化的岩石（图3）。

“原始水平原理”指的是，沉积层一开始总是水平沉积的(图4)。

“叠覆原理”是指各地层的相互叠加，这意味着上面的地层要

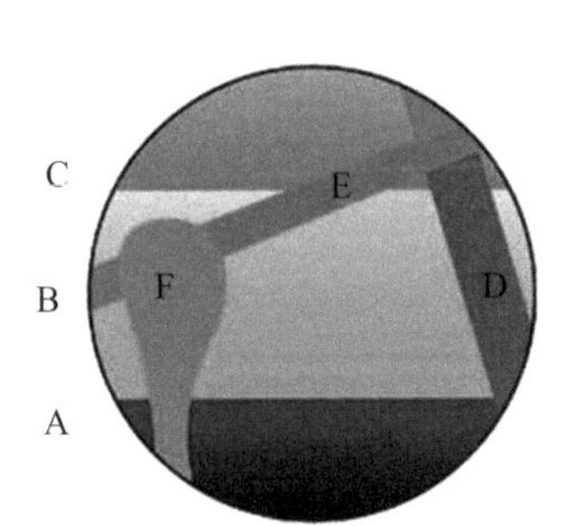

图3　切割原理

在此图中，A、B和C地层的相对年龄是根据叠覆原理得出的。侵入层D、E和F比它们所进入的水平沉积层更年轻。此外，由于E岩脉切割D岩脉，F侵入层切割E岩脉，我们推断F比D年轻。即使这两个岩脉不相切割，侵入的顺序也是从D层到E层。

比下面的地层年轻（图4）。

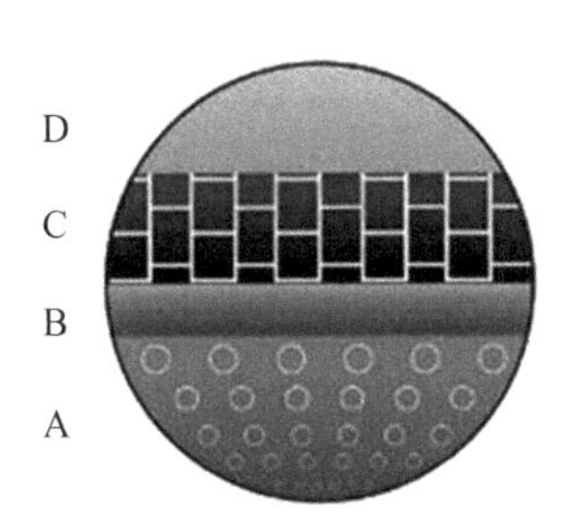

图4　原始水平原理和叠覆原理

斯坦诺（Steno）定律（1669年）提出了两个密切相关的原则，它们看起来很简单，但却是基础性的：沉积层首先是水平沉积的（原始水平原理）；沉积层是相互叠加的，这意味着下面的沉积层要比上面的更古老（叠覆原理）。

“侧向连续原理”指的是，在未经变动（受干扰、改造或破坏）的地区，沉积层不会发生侧向突变。这种沉积层的特点在于沉积相（沉积物的生成环境、生成条件和其特征的总和）的连续均匀分配。沉积相也有可能发生横向演变（图5）。

侧向连续原理将在我们介绍非洲石油潜力时发挥重要作用，因

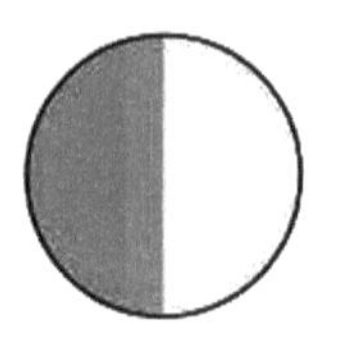

无侧向突变

逐渐侧向演变

图5 侧向连续原理

为它涉及关于板块构造的地质学概念，以及全球范围内大陆板块运动的阐释。我将在后续章节中对此进一步展开论述。

“地层学”是地质学的一个分支，具有典型和多样的词汇，包括用于理解采矿和石油地质学的基本术语，比如地层、构造、结构、解理、片理、节理、透镜体、岩性学和岩石地层学。

根据定义，“地层”是地质历史上某一时代形成的层状岩石。地层也可称为层、矿层、水平面、床、垫层或地平线。

“层理”是岩石沿垂直方向变化所产生的层状构造，是由连续的、水平的沉积物堆积构成的。

“构造”对应于微观层面的晶粒排列。我们只有在显微镜下才能观察到这些晶粒。

与构造不同，“结构”反映了宏观层面的晶粒排列。在这种情况下，形成岩石的晶粒是肉眼可见的。

“解理”是反映晶体构造的重要特征之一，指矿物晶体受力后常沿一定方向的平面破裂的特性。

“片理”是岩石在形成和形变过程中产生的面状构造，在变质岩中极为常见。在这种情况下，片理向着层理倾斜。然而，部分岩石最初具有平行于层理的片理。页岩和云母片岩便是如此，它们的片状结构源自云母。云母是组成成分之一，是一种具有层状解理的矿物。

“节理”是由于岩石受力而出现的裂隙，常见于坚硬的岩石。这些裂隙通常垂直于地层。

“透镜体”是具有中间厚、周边薄特点的固体，它们大小不一，长度从分米到百米不等。举例来说，沿海地层主要由叠加或交错的透镜体构成。

“岩性学”，也被称为“岩相学”，是关于地层或岩层性质以及组成的研究，致力于通过岩石的起源以及沉积环境，研究岩石矿物之间的关联。

“岩石地层学”是以几何学和岩性学为基础，研究地层或岩层的排列或堆叠。简而言之，“岩性学”侧重于地层的内部组成，而“岩石地层学”则更加关注地层的堆叠。

除了地层学原理外，我们还可以利用岩石内部的化石来测算地质层的相对年代，这就是地层古生物学。地层学中还可以进一步细分为三类：岩石地层学、生物地层学和年代地层学。

如果我们访问任何一家石油或矿业公司，会看到每个公司至少有一个部门专门负责这些地层研究。如果缺乏相关数据的支撑，我们无法在两个相邻或相距遥远的国家之间，甚至在曾经毗邻如今相隔甚远（如非洲和拉丁美洲）的海岸之间建立石油或采矿联系。

“岩石地层学”的划分只关注地层性质，并不考虑内部化石。“层”是最小的正式岩石地层单位。“群”是两个或两个以上相邻组的组合；“组”是岩石地层划分的基本单位；“段”是组内正式命名的岩石实体。

“生物地层学”主要研究生物化石的时空分布、地层形成发育规律。生物带是被普遍接受的生物地层单位。

“年代地层学”是按年代关系从老到新把地层划分为若干年代地层单位，从而说明地质历史的科学。年代地层单位从大到小分为宇、界、系、统、阶、代六级。阶通常以“层型”作为识别和说明一个地层单位的标准，因此阶的命名取决于首次识别该层型的地理区域。一般来说，这些名字的后缀是法语的 - en 或 - ien，或英语的 - an 或 - ian。因此，在本书的其他章节，你们会发现部分地质层被称为 Tarkwaian 或 Eburnian，分别指代加纳的塔克瓦镇和科特迪瓦的埃伯尼，因为我们首次在这两个地方发现了相关层型，只有少数地质层不以此种方式命名。

阶的次级单位是“代”，通常由一种或多种类型的化石，即标志化石所构成。

为了进一步论证我的观点，根据上述的四种地层学原理，我们可以在图 6 中标出地质事件的相对年代。

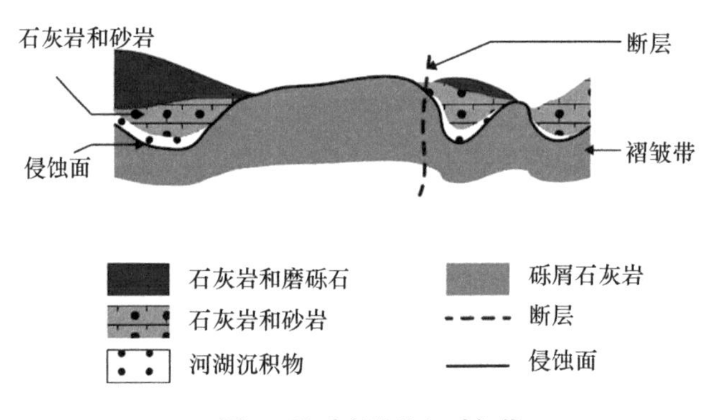

图 6　地质事件的相对年代

图 6 的分析表明，石灰岩和砂岩层位于侵蚀面之上。因此，根据地层叠覆原理，可以说石灰岩和砂岩的沉积是在侵蚀面之后。

断层切割了侵蚀面和褶皱地形。根据切割原理，我们可以推断出，断层在侵蚀面和褶皱带之后。

曾经水平沉积的侵蚀面、石灰岩和砂岩层如今褶皱交叠。我们可以推断，它们早于褶皱带。

总而言之，这些不同的地质事件是按以下顺序发生的：第一，侵蚀面的形成；第二，石灰岩和砂岩的沉积；第三，褶皱带的形成；第四，断层的出现。

“古生物学”是地质学的一个分支，包括识别岩石中的化石和追溯地球生命的进化史。通过化石的形成年代和环境，我们不仅可以测算化石沉积物的相对年龄，还可以推导出沉积发生的环境条件。

事实上，每个代、纪或世，都具有典型化石或标志化石，我们将其称为“地层标记”。只有广泛分布在全球各个区域并且存在时间短暂的化石，才能被视为“标志化石”。例如，三叶虫和爬虫类化石是第一纪或古生代的标志；菊石、海胆、恐龙和箭石是第二纪或中生代的标志；我们通过腹足类动物化石识别第三纪或新生代；最后，脊椎动物（智人……）化石和冰川时代回归的痕迹将为我们揭示第四纪的地质演化。以上都是大型化石，因此不被石油行业所重视。

石油行业对“微体化石”更感兴趣，因为它们体积较小，在勘探钻探过程中容易收集。这也是“微体古生物学”的主要研究对象。

这些化石只能通过复杂的光学设备，如双筒放大镜和光学及电子显微镜来观察。石油行业通过分析微体化石、花粉和孢子颗粒以及远古时代的孢粉形体，对收集的沉积物进行生物地层学解释，以确定地层的相对年龄。

部分微体化石是对于石油行业至关重要的地层化石，也是绝佳的地质标本，如钙质微体化石、硅质微体化石和其他未分类的化石。

在钙质微体化石中，我们通常可以识别生活在淡水和咸水中的有孔虫和介形虫，以及生活在海洋里的瓮虫和颗石鞭毛藻。后者拥有一个称为“颗石藻”的保护层，死后的残体沉积物通常形成石灰质泥浆或白垩。

硅质微体化石主要包括放射虫和硅藻。

除了上述两种化石，其他类型的微体化石也十分常见，例如牙形石、沟鞭藻和花粉。它们主要来自大陆生物，能够为我们提供有关环境生态学的重要信息，特别是第四纪的生态学信息。

微体化石反映生物的原始生活环境。如果我们在沉积物中分别发现了介形虫、颗石鞭毛藻或花粉，就可以推算出这些沉积物分别形成于淡水、海洋以及大陆。因此，通过分析标志化石，我们不仅可以确定地质层的相对年龄，还可以结合岩性学、生物地层学和地球化学等数据，来推算古环境、古生态、古气候以及古地理。

值得注意的是，地层学、地质年代学和古生物学构成了广义范畴的“历史地质学”。

2. 绝对测年法：放射年代学和碳－14 测年法

“绝对年代”是用来表示实物遗存或考古学文化存续的具体时间，通常以年为单位，并有具体的年代数值。绝对年代的测算方法主要包括放射测年法、碳－14 测年法、热释光测年法以及电子自旋共振法。应用最广泛的是放射测年法。通过这种方法，我们可以确定非常古老的地质事件的发生时间，即那些超过 1000 万年的地质事件的具体时间，而上述的其他方法常被用来测算近期地质事件的具体时间。

放射测年法是通过测量岩石和地层矿物质所含放射性元素的半衰期计算年代的方法。1896 年，亨利·贝克勒尔（Henri Becquerel，1852—1908）在研究磷光现象的过程中发现了放射性元素。磷光是一种缓慢发光的光致冷发光现象，磷光材料（稀土铝酸盐）在电磁辐射和离子射线激发下发出磷光。

“放射性”这一概念是由皮埃尔·居里（Pierre Curie）在1898年提出的。它描述了一种自然物理现象，是指元素从不稳定的原子核自发地放出射线（如α射线、β射线、γ射线等）而衰变形成稳定的元素并停止放射（衰变产物）。这种辐射正是贝克勒尔在磷光材料中观察到的光线。

陆地岩石含有的放射性元素包括铀的238同位素（238 U）、钍的232同位素（232 Th），以及钾的40同位素（40 K）。在连续衰变的过程中，这些放射性元素会产生其他不稳定的同位素，并在自然界中广泛传播，例如镭（226 Ra……）和氡（222 Rn……）的同位素（图7）。

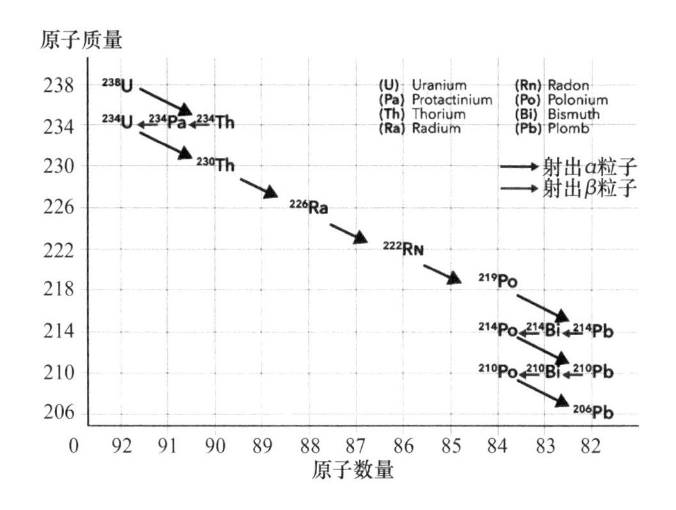

图7 铀（238 U）射出β和α粒子衰变为铅（206 Pb）的连续阶段

除了铀238同位素（238 U），铀235同位素（235 U）是人类广泛使用的放射性元素之一，它在自然界中的浓度极低。我们通过铀浓缩技术改变铀235同位素的浓度，以此来制造原子弹并生产用于供电的核能源。

放射性碳或碳 14 同位素（14 C）是另一种常用的放射性元素，由宇宙射线与氮（N）相互作用而在大气层上部产生。碳－14 通过放射性衰变逐渐消失，其衰变速度与大气中的产生速度相同。这种动态平衡，促进空气中和进行呼吸作用生物体内的碳－14 浓度保持恒定。因此，当生命体（生物或人类）死亡时，体内的碳－14 浓度随之下降。通过测量浓度变化，我们可以精确推算出生物体的真实死亡时间。这种测年法被广泛应用于石油业、采矿业和考古行业。当地质事件、岩石、地质层和化石的年龄小于十万年时，我们可以采用碳－14 测年法确定年代。

（二）有助于识别和测绘矿产、石油矿床的学科

我们常常因为采矿公司生产的第一批金条和多克拉钻石而欣喜若狂，也会为了一家石油公司生产的第一批石油而倍感自豪。然而人们并不知道，这是长期考察和勘探的结果。矿产资源的勘探涉及多种地球科学的分支学科，例如大地构造学、构造地质学、内部和外部地球动力学、自然地理学、地貌学、地形学、气候学、水文学、海洋学和海洋地质学等。

它们都是测绘和测量矿产以及石油储量必不可少的理论工具。

1. 大地构造学和构造地质学：分别从全球视角和微观尺度勘探矿产和石油矿床

“构造学”是地质学的一个分支，是一门研究地壳乃至全球构造发生、发展、区域构造组合的大型学科。

地震、山脉的形成、断层和褶皱是造成地形变化的主要原因。

“大地构造学”同样关注几何学（性质、几何形状和相对时间）、运动学（导致变形力学因素）和动力学特征（支撑地壳运动以及岩石变形）。

不仅如此，“构造学”还研究岩石圈的运动史。大地构造学通常在全球范围内勘探矿产资源。石油和采矿公司以这种理论为指

导，对相关区域进行构造研究，以便更好地掌握勘探地区的石油矿产储量。

因此，在了解非洲拥有巨大矿产潜力的原因之前，我们需要掌握大地构造学的相关概念。这有助于我们充分理解非洲大陆所具有的地质和构造优势。为了便于读者理解，我在这里重点介绍与地质学和勘探技术相关的一系列术语，这对于我们理解后续内容大有裨益。

如果不提及“板块构造”和“大陆漂移”这些著名的地质学概念，我们将无法深入介绍大地构造学。它们都是大地构造学重要的研究内容，我将在本书的其他章节对此展开介绍。

因此，分析研究勘探地区的构造对于矿产资源的开发至关重要。

事实上，小规模岩石的构成是大规模地质单元自然形变的必然结果。

这是一种普遍性原则。正如成年人的观念形成，主要来源于童年时期所接受的教育以及不同的人生体验。因此，岩石能够反映地壳的前世今生，记录所在区域发生的各类地质事件。这就是“构造地质学”的主要研究对象。

与大地构造学一样，构造地质学也是研究岩石圈内地质体形成、形态和变形构造作用的成因机制的学科。岩层表面呈现出的各种不平坦的沉积痕迹称为“岩面构造”（图8），而晶粒的内部排列称为矿物层面或颗粒层面的微构造（图9）。“显微构造地质学”是构造地质学的一个分支，主要研究矿物显微结构特征以及形成机制。

2. 内部和外部地球动力学：了解地球的内部，以了解地球表面矿产和石油矿床的形成过程

“地球动力学”主要关注影响地球表面（外部地球动力学）或

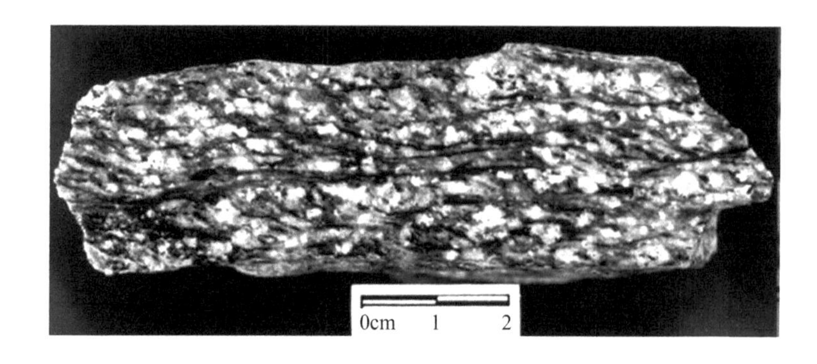

图8　在变形花岗岩中观察到的岩石层面的S/C构造（片理/剪切）
（圣艾蒂安让莫内大学科学与技术学院构造地质学课程）

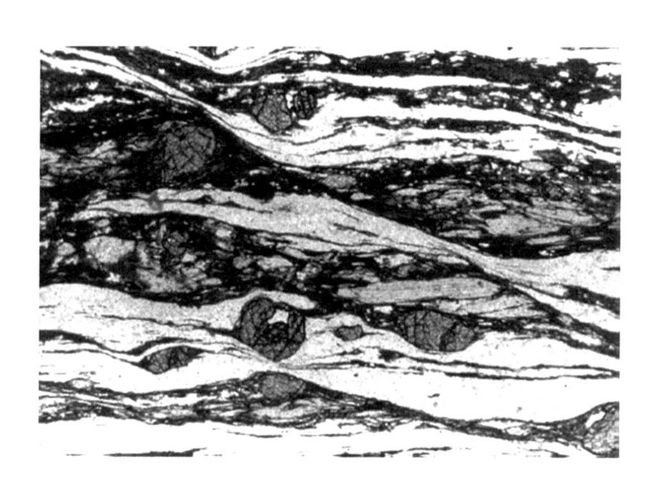

图9　在石榴石片岩中观察到的颗粒或微观层面的S/C微观构造（片理/剪切）
（圣艾蒂安让莫内大学科学与技术学院构造地质学课程）

地球深处（内部地球动力学）的实际地质现象。内部地质现象形成地貌，而外部地质现象破坏地貌。

根据定义，内部地球动力学不仅研究地球内部成形过程，还研究它们对地表的力学影响。地震、山脉、火山、海洋的形成是板块运动的必然结果，即“板块构造”。然而，大陆板块的移动不是偶然的，而是由控制地球中心的动力所决定的，因此，了解地球的内部结构至关重要。

事实上，这种地球动力是由组成岩石的放射性元素衰变时所释放的热通量产生的。这种热能通过移动板块的对流趋向转化为机械能。两个相邻的板块相向运动，水平距离不断缩短，形成“汇聚板块边缘”；有的板块则相互彼此分离，形成“生长边界”；两侧板块或相互剪切错动，或以不同速率向同一方向推移，形成“转换型板块边界”。

因此，每种板块运动都会产生特定的地貌和地质现象。汇聚板块将形成山脉、海沟和地震，分离板块将形成洋脊，而转换板块会导致地震。

“外部地球动力学”研究地球外围的结构和演变，地球外围包括岩石圈、水圈、大气圈和生物圈。它涵盖了塑造地球表面的所有外部因素的作用，例如雨水、风力、冰川、人类活动等。

“岩石圈”是地球最表层的固体外壳，而“水圈”和“大气圈”是地壳的流体外壳。

其中，“水圈”是覆盖地球表面近60%的液体外壳（海、河、洋、湖……），而“大气圈”是包裹地球的气态外壳。

大气圈和水圈是地球生命赖以生存的基础，也是“生物圈”形成的主要成因。生物圈是以植物和有机物为主的生命外壳。

外部地球动力学主要研究地形的外部成因，如侵蚀、沉积和成岩作用等。这些现象涉及的水循环和地质循环（图10）主要包括碳（C）、氢（H）和氮（N）的物质循环。

这些矿物元素的迁移运动是循环往复的，有助于维持地球活力和生态平衡。当前的地貌景观是上述三种外部作用力的共同结果。

“侵蚀作用”指风力、流水（雨、潮、雪、冰、海啸、旋风……）等外力在运动状态下改变地面岩石及其风化物的过程。风力侵蚀和水力侵蚀是世界范围内分布最广泛的侵蚀形式。外力的侵蚀作用导致岩石蚀变，包括导致地球表面岩石崩解的所有物理（温

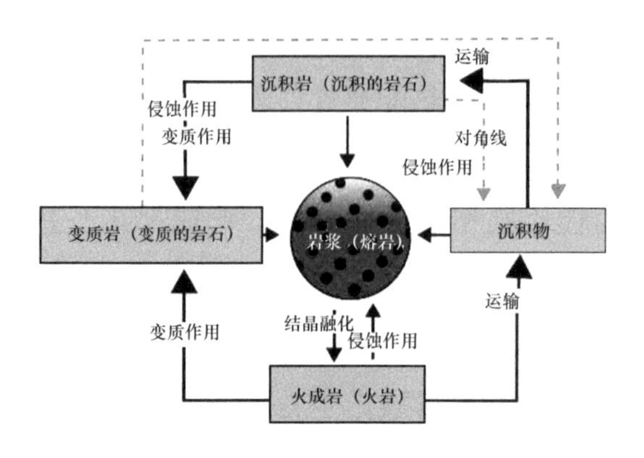

图10 地质循环

度、冻融、人类活动)、化学和生物化学（生物活动的影响）过程。岩石经过蚀变形成不同类型的土壤。

简而言之，土壤是岩石蚀变的产物，主要由矿物质（岩石蚀变产生的碎片）和有机质（植物碎片）组成。土壤在外力作用下发生迁移并发生沉淀、堆积的作用就是“沉积作用”。

松散的沉积物经过一系列的物理化学和生物化学过程，在外界温度和压力的影响下，沉降凝聚形成沉积岩的过程就是“成岩作用”。主要化石燃料石油和天然气都分布在沉积岩层中。

我将在专门讨论碳氢化合物形成的章节中详细介绍成岩作用。

岩石和地貌的形成过程不断经历着地质循环，因此，外部地球动力学在矿产和石油矿床的形成中发挥重要作用。

众所周知，非洲部分地区，特别是潮湿的热带地区，降雨量丰富，因此沉积盆地屡见不鲜。这些地区备受石油业关注，因为我们在这里发现了数量可观的沉积物，而这些沉积物会逐渐生成碳氢化合物。

非洲大陆的沙漠地区也备受瞩目，因为我们在那里同样发现了巨大的沉积盆地，而这一切都要归功于风蚀作用和曾经短暂存在的海洋沉积作用。非洲的沙漠地区是令人觊觎的矿藏宝地，这也是当地多次爆发冲突的主要原因。谁将掌控这片领土呢？谁将成为它们无可非议的主人呢？众所周知，那里的气候条件极端恶劣，人们难以存活，那为什么人们一直对沙漠地区虎视眈眈呢？

这是本书致力于回答的问题之一。当我们一起走完这段旅程时，答案便呼之欲出。

为了让你们对答案有所了解，请重点关注波斯湾和中东的一些国家，如卡塔尔、沙特阿拉伯、阿拉伯联合酋长国和科威特，它们在短短几年的时间内实现了金融繁荣、经济增长并达到了较高的发展水平。它们的崛起无疑归功于石油资源的开发利用，尽管石油矿床常见于环境恶劣的沙漠。准确无误的资料和科学数据表明，非洲的沙漠地区很可能拥有巨大的矿产和石油潜力。这将为非洲国家带来巨大的经济效益和美好光明的社会发展。

我将在接下来的章节中重点介绍非洲沙漠地区的矿产资源，并在另一本书中详细分析其石油潜力。

综上所述，外部动力因素带来的直接结果是形成了丰富多样的地貌景观。

3. 自然地理学：处于矿产和石油勘探核心的地球科学分支

“自然地理学”是地理学（géographie，源于希腊语：geo，“地球”；graphein，“描述或研究”）的一个分支，主要的研究对象是自然地理环境，不包括涉及人类活动的人文地理。

它包含许多分支学科，例如地貌学、气候学、水文学、海洋学和土壤学。这些分支学科都是矿产和石油勘探不可或缺的理论工具。

（1）地貌学和地形学：矿产和石油矿床的外部指南

“地貌学”（géomorphologie，源自希腊语：geo，“地球”；morpho，“形态”；logos，“科学、规律”）致力于研究地貌的形态及其形成过程，是一门描述、命名、测量和解释地貌形态的科学。地貌学同样预测地形的演变。

“地形学”是地貌学最重要的分支之一。

地形学（topographie，源自希腊语：topos，“地点”；graphein，“描述或绘图”）的研究内容包括地球表面形态和形成动力的分析，致力于绘制详细的地形图。地形学通常借助等高线和高程[①]，重建景观的地形和地貌。

随着新技术的进步，我们现在主要通过卫星图像绘制地形图。例如，利用遥感等地理信息系统（GIS）还原深海地貌。

因此，根据一个地区的地貌和地形，我们可以轻而易举地绘制地质图，用以支撑矿产或石油研究。地形图测绘是“地图学”的主要研究内容。地质图是支撑空间地质研究的关键所在，对于矿产或石油矿床的勘探至关重要。

（2）气候学：在石油和矿产钻井的古生物学分析中起决定作用的学科

“气候学”是自然地理学的一个分支，主要研究气候，即在较长一段时间内天气状况的连续变化。

一般来说，在历史范围内，全球任何一个地区的气候在一个世纪内的变化并不大，或者几乎没有变化。

然而，在跨越了数百万年的地质学层面，气候的变化是显著的。古生物学家借助古气候学，通过在实验室分析石油钻井的沉积物，能够还原几百万年前的气候条件。正是借助古气候学，我们知道斯堪的纳维亚半岛曾经历过多次冰川期。正是由于古气候学，我们知道，地球曾经历无数次的火山爆发，并导致一些动物物种的灭绝，例如恐龙。

（3）水文学：矿物沉积和油藏注水过程中不可或缺的科学

“水文学”（hydrologie，源自希腊语：hydro，“水”；logos，

---

① 高程指的是某点沿铅垂线方向到绝对基面的距离，称绝对高程，简称高程。——译者注

“科学、规律”）是一门研究水循环的学科（图11）。它主要研究水圈同大气圈、岩石圈以及生物圈等地球自然圈层的相互关系。

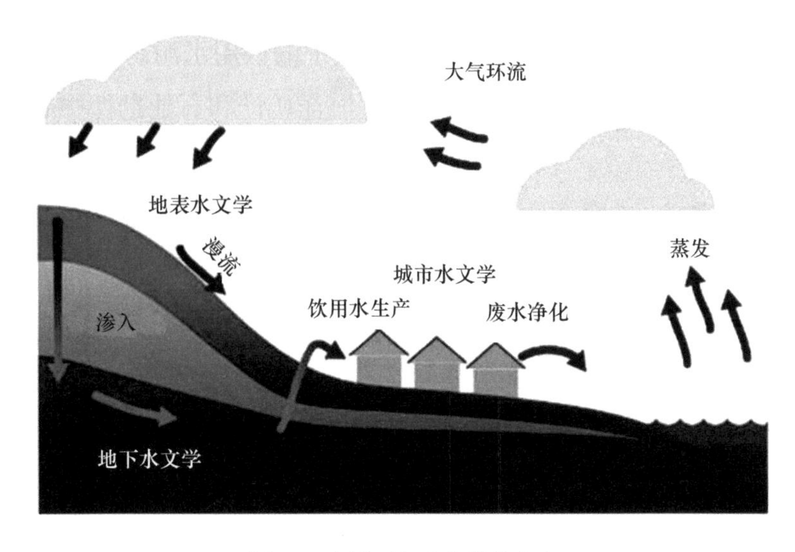

图11　水循环和水文学的分支

其中，“地表水文学”和“地下水文学”在矿产和石油的勘探开发过程中发挥重要作用。

“地表水文学”是研究地球表面不同水体水文现象形成、发展变化规律及其相互联系的科学。侵蚀作用是造成土壤和有机物沉积的因素之一，沉积作用对于碳氢化合物的形成至关重要。

“地下水文学”或“水文地质学”是运用水文循环和水量平衡原理研究地下水形成、运动、水情和地下水资源的科学。它是经济地质学的一个分支，因为和黄金、钻石以及石油一样，水资源也是具有经济价值的自然资源，为将其商品化的公司带来丰厚的盈利。

超市里瓶装水的畅销就是水资源商业价值的最好证明。

在石油开采过程中，钻探者经常向储层注水，以此增加压力并促进碳氢化合物上升流入生产井。水文地质学是这种方法的重要理论支撑。

在采矿作业中，我们极易遇到含水层。在这种情况下，水文地质学知识能够帮助我们避免污染含水层中的饮用水源。

（4）海洋学和海洋地质学：位于海洋矿产和石油勘探中心的两门学科

根据定义，“海洋学”是一门关于海洋研究的科学。它与海洋科学不同。海洋学对于深海资源的勘探至关重要，大部分石油资源常见于海洋深处。

有一句名言如是说道：

> 成就的质量取决于准备的质量。

如果我们了解海洋环境并掌握深海资源，即使存在勘探风险，石油公司也能在勘探投资中大幅获利。

海洋学包含四个分支学科，本书将重点关注“物理海洋学”和“海洋地质学”。

“物理海洋学”的研究对象，是人类和生物赖以生存的海洋中的物理环境，例如波浪、潮汐和海流等。

“物理海洋学”对石油钻井平台的安装至关重要，它有助于我们了解海流对平台结构施加的压力，从而避免事故的发生和石油泄漏。

众所周知，石油钻井平台事故将会造成不可逆转的生态破坏和巨大的生命损失。最近的一次事故是发生于2010年4月20日的“深海地平线”爆炸。这是英国石油公司（BP）租赁的一个石油钻井平台，用于在墨西哥湾近海的美国专属经济区钻探深井。

这次事故造成的后果是灾难性的：共计11人死亡，17人受伤，并且导致490万桶石油，相当于7.8亿升石油的泄漏，对当地的生态系统和经济造成了重大的负面影响。当我撰写这本书的时候，这个钻井平台已经深达1500米，一旦操作不当，会导致更多石油的泄漏。

虽然平台的爆炸不是海流造成的，但是我们有必要了解石油钻井平台事故可能造成的损害，以及海洋环境及其结构的重要性。

大陆架、大陆坡、大陆冰川、深海平原和大洋中脊是五个主要的海洋地貌（图12）。

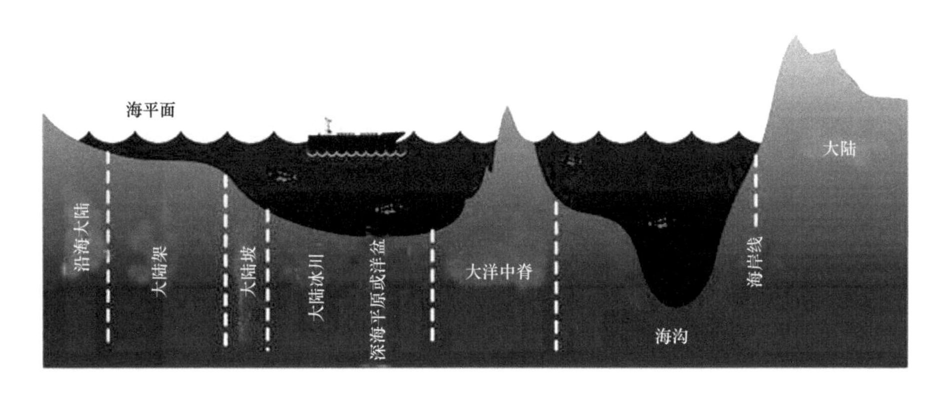

图12　海底地貌

“大陆架”是指大陆沿岸土地在海面下向海洋的延伸，是被海水所覆盖的大陆。它的平均深度为海平面以下200米。在浅海区域，我们通常在大陆架上发现石油矿床，石油钻井平台尤其是固定式的石油钻井平台通常安装在那里。

这些石油钻井平台固定在海底，连接井口和管道，主要有以下四种类型：导管架式平台、重力式平台、随动塔式平台和自升式钻井平台。

“陆坡”“大陆坡”或“半深海域”是大陆和海洋之间的过渡区。它是平均深度为200米的大陆架和平均深度为4000—5000米的深海平原之间的中间地带。

大陆坡的坡度根据不同地区可分别达到1°—5°。侵蚀作用下产生的大陆沉积物被输送至大陆坡。随着时间的推移，沉积物在深海平原沉降凝聚，并在斜坡下方形成大陆冰层（图13）。一旦沉积物的输送加剧，就会引发令人闻风丧胆的海啸。众所周知，海啸会给人们带来毁灭性的伤害。

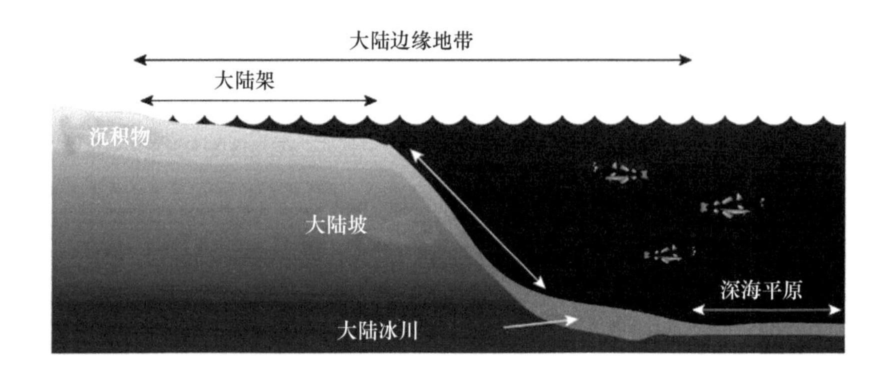

图13　大陆坡和大陆冰川

“海底峡谷”是指切割海底而伸长的谷形凹地。我们在科特迪瓦的海岸，能够清晰地看到广阔无垠的海底峡谷。

对于勘探300多米深的海底矿床，我们通常在海面安装移动或浮动的钻井平台，并用柔性管道连接井口。它主要分为以下四种类型：张力腿式平台（TLP）、立柱浮筒式平台（SPAR）、半潜式平台和浮式生产储卸油轮（FPSO）。

“深海平原”是大洋深海区域的平坦地带，平均深度为5000至6000米。

不同于大陆架，深海平原的尽头与洋脊或海沟相连。

尽管深海平原深不可测，但它在经济地质学方面意义重大。

事实上，有潜力的油田常见于深水近海处，即超过5000米的深海区域。我们通常在陡峭的大陆边缘地带发现数量可观的油田，例如人们在加纳海域发现的朱比利油田。

在陡峭的大陆边缘地带，大陆架没有得到充分的延伸。从大陆架到深海水域的过渡是突然而陡峭的。我曾在位于法国波城让·费热科技中心（C. S. T. J. F.）的道达尔勘探与生产部门（E&P）任职，主要在位于加纳和科特迪瓦海洋边界的石油区工作。这里具有与上文相同的地质环境，也就是深水近海区。我无法对此进一步展开介绍，因为道达尔公司和其他石油公司的大部分雇员都签署了保密协议。显而易见的是，石油研究已经不可逆地转向了深水近海区和难以进入的深海区。

除了碳氢化合物之外，深海平原还具有相当大的矿产潜力，因为它含有丰富的多金属结核资源，也称为"锰结核"。锰结核是一种铁、锰氧化物的集合体，形态多样。它们通常在热液泉的附近富集。这些矿石具有巨大的经济价值，因为丰富的矿物含量而备受追捧，例如锰（27%—30%）、镍（1.25%—1.5%）、铜（1%—1.4%）、钴（0.2%—0.25%）、铁（6%）、硅（5%）、铝（3%）、钛、钙、镁、钾、钠、钡、氧和氢等。

"大洋中脊"或"洋脊"是贯穿四大洋的巨大孤立地貌，主要由一个或多个平均长度为35000—56000千米的海底山脉相互连接而成。

两个相邻的大洋板块相互分离形成了一个裂谷，来自地球深处的岩浆（地壳和地幔在高温高压的条件下，熔化产生的熔岩或黏稠液体）迅速填满裂谷。正如一句格言所说：

大自然厌恶真空。

一旦与海水接触，岩浆便会冷却凝固形成岩石。

因此，大洋中脊不仅是最明显的分离型板块边界，也是低震级地震的频发区。

“地震学”是研究地震和地震波传播的学科。地震学数据显示，构造板块的边界是地震频发区，特别是洋脊附近的区域。

大陆到海洋的过渡是循序渐进的。深度逐渐加深便会形成被动大陆边缘，形成延伸的大陆架和较小的地势起伏；深度突然加深便会形成主动大陆边缘，形成不连续的地壳构造。后者常见于西非和南美洲的部分海岸。

虽然被动大陆边缘长期不被石油业重视，但是当我们在西非和南美水域陡峭的主动大陆边缘带发现大型油田后，石油公司争先恐后地在主动大陆边缘带展开勘探工作。例如，2007 年，人们在加纳和科特迪瓦之间颇具争议的边境海域发现了著名的朱比利油田。

事实上，自 2010 年 12 月 14 日以来，加纳已经着手开发位于该国西部、离海岸线 60 千米远的朱比利油田。根据估算，该油田的储量约为 18 亿桶。英国图洛石油公司（Tullow Oil，占股 34.7%）及其美国的合作伙伴阿纳达科公司（Anadarko，占股 23.49%）和科斯莫斯能源公司（Kosmos Energy，占股 23.49%），加上占股 13.75% 的加纳国家石油公司（CNPG），计划在 2011 年夏季之前达到日产 12 万桶石油的生产目标，并计划在 2014 年通过实行埃涅纳油田（Enyenra）和特温尼堡油田（Tweneboa）的投产计划，实现日产 25 万桶石油的生产目标。

朱比利油田预计在 2011 年为加纳政府带来 4 亿美元的收入，全面生产时期的盈利收入可达 10 亿美元。据估计，每桶石油的售价为 75 美元，在 2012—2030 年间，朱比利油田的开发利用将为加纳带来共计 200 亿美元的收入。

有关统计数据表明，该国拥有巨大的天然气储量，估计超过 220 亿立方米。

2007 年，在陡峭的大陆边缘地带，人们在巴西海岸发现了储量丰富的图皮油田（Tupi）。

南美洲和西非的西海岸是陡峭的大陆边缘地貌。那里储藏着丰富的矿产资源，给当地人民带来了新的希望。因此，在过去的数十年，世界各国的石油公司对这些海域兴致盎然并争相勘探。

“海洋地质学”是经济地质学中最重要的学科之一，因为它不仅关注海洋的地质结构，还关注海底的矿物和石油资源。海洋地质学，致力于通过绘制海底地图追溯海洋环境的形成历史。不仅如此，海洋环境和生态系统的保护也是主要的研究内容之一。

事实上，对海洋环境的深入了解，有助于石油公司预测在勘探活动中可能遇到的沉积盆地类型以及矿藏的沉积速率。例如，三角洲盆地是一种沉积盆地，含有丰富的被称为“浊积岩”的快速沉积物。

“三角洲”（delta）像一个三角形或希腊字母 Δ，它也因此得名。尼日尔三角洲是世界上最大的三角洲石油盆地之一，它涵盖了尼日利亚的大部分油田。得益于尼日尔三角洲盆地的油田开发，尼日利亚如今已经成为非洲的主要经济大国，同时也是撒哈拉以南非洲最大的石油生产国。几十年来，尼日尔三角洲地区动荡不安，战火纷飞，然而这并非巧合。丰富的石油储量正是该地区冲突不断的主要原因。

海洋地质学的研究内容值得世人关注。在我看来，月球的地形和地貌比海底的地形和地貌更广为人知，这并不正常。

（5）土壤学：采矿勘探过程必不可少的基础地球化学

“土壤学”（pédologie，源自希腊语：pedon，“土壤”；logos，“科学、规律”）是一门关于土壤的物质组成和性质，以及成土过程的基础科学。土壤中相互作用的固相、液相、气相物质，是土壤学的研究主题。

除了大家耳熟能详的农业应用，土壤学在采矿业中也发挥了相当大的作用。

土壤是岩石蚀变的产物，土壤母岩往往含有丰富的矿物质，例如金、钻石和钴。因此，土壤学是矿物开采的关键理论支撑。土壤学对于西非，特别是马里、布基纳法索和科特迪瓦等地的金矿开采至关重要。

“地球化学图”是用来表示某地区地球化学分布的具体情况而制成的图形，分析地球化学图是矿工在勘探阶段的首要任务之一。人们借助化学图确定土壤的主要化学成分，并以此探寻具体的矿床位置，例如及时发现黄金等矿产资源。

我们在本章重点介绍了地球科学的基础学科，将在下一章围绕本书的核心议题展开论述。在本书的最后一章，你们将了解为什么非洲拥有如此丰富的矿产资源。值得一提的是，本书重点关注非洲大陆的矿产潜力。

第 三 章

非洲，一个拥有特殊矿物资源的大洲

非洲因其矿产资源以及富含稀有矿物质的矿层闻名于世。对于世界各国的经济来说，这些稀有矿物具有战略性意义。非洲坐拥优渥的自然地质条件，其巨大的开采潜力并非偶然，与其他大陆相比，非洲是一个例外。

非洲没有矿产贫乏的国家，每个国家都至少拥有一种矿物原料。即使是经济最落后的非洲国家也坐拥战略性矿物资源，影响着世界上经济强国的发展与崛起。本章我将带领大家了解几个主要的非洲国家。矿产丰富的非洲国家比比皆是，一本书的篇幅无法详尽。通过接下来的论述，您会明白为什么我坚信非洲凭借可以左右未来世界经济的丰富矿藏，一定是未来之大陆。

2014 年 12 月 11 日，有 20 多年非洲生活经历的加拿大商人伯努瓦・拉撒尔先生在米歇尔・杰布莱克教授于蒙特利尔大学举办的开采地缘政治研讨会上说：

> 今天的非洲，是我们的未来。非洲好比 20 年前的中国。一切都将在此展开……加拿大确实有必要推动北部计划，以发展矿产资源，但我们将目光更多地投向西部计划，因为 10—15 个西非国家已拥有北部计划。

外交界了解非洲的真实情况，商人们察觉了商机，经济学家也在预测未来的发展。他们每天摩拳擦掌，担心自己错失于非洲带来的机遇。非洲确实是未来之大陆，是经济世界的未来黄金国。

非洲所有的金矿、钻石矿、铜矿等都源于地质学家研究的各种岩石。

“岩石学”（pétrologie，源自希腊语：petro，岩石；logos，科学）是一门研究岩石的学科，注重研究岩石形成和转化的物理、化学、生物机制。

地球表面的所有矿层都起源于岩浆、沉积物或变质。在这本书中，我将重点探讨前两种情况。

第一节　与岩浆岩有关的非洲矿层和矿山

岩浆岩、火成岩或喷发岩是由岩浆从地幔涌至地表的过程中冷却而成。这一过程有时伴随着岩浆中所含矿物的结晶现象。

根据矿物结晶发生的深度，岩浆岩分为三种：首先，形成于地球深层的岩浆岩，称作深成岩或侵入岩；其次，由于岩浆注入了围岩中的裂缝而形成于半深层的岩浆岩，称作脉岩或近深成岩；最后，形成于地表的岩浆岩，称作火山岩或喷发岩。

根据粒度测定、化学成分、矿物成分、色彩、石英饱和度等，我们对岩浆岩进行了典型分类。还可以根据岩石结构（矿物的大小）、属性、岩石中各主要矿物的含量百分比来确定岩浆岩种类。斯特雷克森基于这些标准对岩浆岩进行了初步分类。

岩浆岩是矿物研究中必不可少的一部分，因为它们是金属矿和宝石的母岩。也就是说，所有的黄金矿、钻石矿、铀矿、钨矿、钛矿最初都形成且发掘于此，随后扩散至大自然，从而形成世界级的大型矿藏。

非洲的几种岩浆岩因其矿化产物而闻名。比如，金伯利岩中的钻石，沥青铀矿中的铀，以及橄榄岩中的镍。

一 南非、博茨瓦纳、莱索托、纳米比亚、中非共和国、刚果民主共和国、科特迪瓦、加纳、塞拉利昂和安哥拉的钻石

金伯利岩是钻石的母岩。它是一种火山岩、超镁铁质岩、钾质岩，富含挥发性元素［水（H_2O）和二氧化碳（CO_2）］以及超碱性成分（二氧化硅 SiO_2 <45%）。它的名字源于南非金伯利市，这座城市专为开采钻而建，也是在这里首次发现并描述了金伯利岩。

大多数含金刚石的金伯利岩存在于岩管或岩脉中，它们是岩浆突然爆发的迹象，通常被发现于古老的陆壳地区和太古代的克拉通之中。

许多非洲国家发现了钻石金伯利岩，尤其是科特迪瓦、塞拉利昂、南非、博茨瓦纳等。

2005 年，全球钻石产量估计为 1.735 亿克拉。钻石产量前 10 名的国家中有 6 个是非洲国家，其中包括博茨瓦纳、刚果民主共和国、南非，分别位列第二、第四和第五（表 3）。

表 3　　2005 年世界钻石产量

国家	克拉/百万	产量百分比/%
俄罗斯	38000	21.9
博茨瓦纳	31890	18.4
澳大利亚	30678	17.7
刚果民主共和国	27000	15.6
南非	15775	9.1
加拿大	12300	7.1
安哥拉	10000	5.8
纳米比亚	1902	1.1

续表

国家	克拉/百万	产量百分比/%
中国	1190	0.7
加纳	1065	0.6
其他	3700	2

这些数据证明，非洲是世界首要的钻石供应地。此外，还有中非共和国等国家，尽管它们的钻石潜力举世公认、无可争议，但尚未进入这一排行。

维基解密网站通过中非共和国矿业、石油、能源和水利部发布了名为《中非共和国采矿潜力概述》的文件，其中也提到了相关内容。

事实上，中非共和国几乎每个省都拥有钻石矿床，此外还有其他重要性不亚于黄金、钶钽铁矿和铀的矿物。但也无须感到惊讶，非洲因长期苦于社会动荡、战争以及社会种族危机，所以矿藏如此富足的国家在财政方面却非常贫穷。

许多人，特别是非洲人不知道的是，在大部分矿物原料生产国中发生的一切冲突都在加剧非洲人民的分裂，从而使矿物商和宝石商从中获利。他们潜伏在暗处，挑唆社会危机，因为他们需要利用这些危机心安理得地在当地人民背后推进他们的行动，可四分五裂的人民却对此毫无怀疑。唉！执政者之间的合作可推动这种经济战略实现，他们是推广和销售血钻的中介和跳板。无论其行动是否合理合法，都没有意义，因为在动荡和战争时期，非洲国家没有优先权，无法控制从地下开采的矿物的数量。因此，大量的资本流失到国外，助力了其他国家的发展。

不！非洲不需要靠开采地下钻石所得资金购买武器，这些武器将会在未来的冲突中毁灭它自己并加剧其欠发达程度。非洲需要资金来建造小学教室，以便培养未来的精英；需要资金来建造阶梯教室，以便缓解大学的拥挤，因为现在已无法容纳太多学生；需要资金来建造新的房间，以便医院可以妥善方便地接待更多病人。非洲需要这些财政收入来完善手术室装备，确保它们配备有基本护理和紧急处理所需的必要工具。

不！非洲不需要利用钻石带来的利润维持武装，大部分战士是年轻人，他们是非洲未来的人力资源希望。相反，非洲需要和平、稳定、良好的商业环境，来弥补经济和社会方面的落后。

长久以来，买卖血钻带来的钱财资助了许多反叛组织，它们在非洲犯下无数暴行。比如，安哥拉彻底独立全国联盟（UNITA）和塞拉利昂革命联合阵线（RUF）的军事组织长期在这个问题上指手画脚。2000 年 12 月的一次联合国大会也特别强调了这一点。此外，联合国调查人员和独立专家的报告指控了一些战争的前首领，他们在西非管辖区内非政府控制的区域发动叛乱，非法且迅速地依靠手工开采钻石致富。一切均表明，尽管时光流逝，代代更迭，致富之法依旧没有改变。

1991 年至 2002 年的战争给塞拉利昂带来了无法抹去的损失。数据显示，超过 7.5 万人死亡，还有一些人估计死亡人数为 12 万人，200 万人流离失所，约占当时估计人口 450 万的一半。

但是，塞拉利昂遭受的无数次残暴不公的战争背后的驱动力究竟是什么？好吧！这是因为 1930 年殖民时期在塞拉利昂发现了第一颗钻石。

这一切都始于钻石开采问题以及著名的戴比尔斯公司和当地人对塞拉利昂钻石业的垄断问题。

事实上，1935 年，管理塞拉利昂的殖民当局批准了戴比尔斯公司开采钻石，为期 99 年。这一举措具有排他性和垄断性，和某些非洲国家和它们的殖民国法国之间的首批秘密国防安全协定性质一样。我个人要提醒的是，这些协定包含许多条款，其中最著名的一个规定是将这些国家储藏的几乎全部矿产资源独家分配给前殖民大国。这些协议具有机密性，只有少数内部人士和一些政治领导人有权知晓。

然而，几年后，殖民当局决定制订一项专门向当地人出售开采许可证的方案，以此向社会开放钻石开采业。这一决定与戴比尔斯公司想法相悖，新的竞争者出现了，尽管该公司在近一个世纪以来一直垄断着这一利润丰厚的行业。

这一改变对戴比尔斯公司来说是个坏消息，但对国民来说是个好消息，可是它不能阻止非法的开采行动继续发展。因此，1956年，估计有55000名矿工在科诺进行着非法工作，这是塞拉利昂最富有的钻石产地，在1930年至1999年间约开采出5500万克拉钻石，价值150亿美元。这些数字清楚地表明塞拉利昂拥有巨大的钻石储备量。不幸的是，当地人没有充分利用开采许可证。而黎巴嫩社区在非洲的贸易中投资很多，因此获得了大部分的矿业证券。

史蒂文·西亚卡先生于1968年就任塞拉利昂总理，这只会加剧矿业公司的怨恨，因为他鼓励非法的采矿行动。他将采矿业置于其政策的核心地位，这有利于该领域的朋友，即黎巴嫩商人贾米尔。最终，他把戴比尔斯国有化，从此以后成为戴比尔斯利昂甄选信托（SLST）。此外，正是这多次的决定，使这家跨国公司受挫。

您也许不知道，到目前为止，戴比尔斯跨国公司通过其子公司占据了世界上约60%的钻石销售和出口，超过全球钻石市场的一半。该公司还控制着南非、莱索托、纳米比亚等主要钻石供应国。

当塞拉利昂爆发战争时，考虑到所有的现实情况，面临的挑战是钻石矿的控制问题。这就是为什么最血腥的战争都发生在该国的钻石产区。财务方面也面临巨大挑战，矿物公司间接地维持着他们与沙线、执行结果等军火公司的关系。这些军火公司主要是为战争各交战方提供武装，让非洲人自相残杀。然而与此同时，钻石开采毫无干扰地进行着。

根据史料，在史蒂文·西亚卡先生被逐下台后，是执行结果公司为新的军事政府提供武器后勤保障，以抵消革命联合阵线（RUF）的冲击。随后，加拿大矿业公司向新任塞拉利昂掌权者介绍了执行结果公司，并获得了为期25年的钻石开采特权。

1988年，泰詹·卡巴先生需要通过那些对塞拉利昂钻石感兴趣的采矿公司获取沙线公司的服务，以此掌权。

1991年至2002年是塞拉利昂的冲突时期，武器和钻石通过邻国利比里亚过境。这些交易是在查尔斯·泰勒先生的监督下进行的。起初，他是利比里亚民族爱国阵线（FNPL）的首领，1997年至2003年担任利比里亚总统。这一角色使他于2006年被捕，后被国际刑事法院（ICC）定以反人类罪和战争罪。法院的结论是，他支持塞拉利昂的叛乱团体以换取钻石。血钻因此进入塞拉利昂的政治经济舞台。

我必须再次提起这些不幸的史实以此证明非洲并未被诅咒。正是它富饶的矿藏给它带来诸多不幸。现在非洲必须意识到这一点，并且有所成长，日后就不会再轻易陷入战争，因为战争商人的首要信条是下面这句格言：

分裂才能更好地统治。

几十年来，这些战争商人一直没有改变他们的方法，因为这些方法一直适用。然而，令人遗憾的是，非洲人民总是陷入相同的经济地缘战略陷阱。这是一些人持有的看法：

我们不会改组一支获胜的球队或改变一种有效的策略。

我认为非洲人民对间接开采其矿产资源而提出的冲突建议漠不关心，并通过一幅简单的画面做出说明。一只老鼠看到它的父亲被放在垃圾房中的诱饵杀死了。第二天，后者不经意间死于同一种情形，被安装在同一地点的一模一样的诱饵杀死。这个例子形象生动地反映出非洲国家几十年来面临着的无法避免的经济地缘政治和地缘战略陷阱。不幸的是，它们总是犯同样的错误，向战争的恶魔屈服。

因此，现在是时候让非洲明白它比它自己认为的更有价值。当它蔑视自己并怜悯自己的命运时，一些人已经从殖民时期就发现了它的潜力。他们知道非洲的价值。此外，他们准备把赌注押在非洲，并且向世界展示他们充分发掘非洲的潜力后，这片大陆能够带来什么。

和塞拉利昂一样，冲突钻石给安哥拉带来了同样的结果。

事实上，这些钻石使若纳斯·萨文比先生领导的安哥拉彻底独立全国联盟自给自足，购买短程和远程的战争武器，并在 1975 年至 2002 年向安哥拉政府发动了一场残酷的战争。2000 年，有证据证实钻石与安盟融资之间存在联系。反叛组织的秘书长保罗·卢砍巴先生（又称加托）说道：

> 我们在推销钻石和靠它维持战争方面没有问题。

这一声明证明，就安哥拉来说，如果非洲地下的财富切实地用于该大陆的发展以及人民福祉，27 年的基础设施建设和社会行动本可以使它在发展的竞争中胜出。很多人不知道这一点，但即使是所谓的富裕国家，也继续发展着其基础设施建设。公共工程随处可见，它们是所有西方国家维持运转的引擎。

在刚果民主共和国、科特迪瓦、中非共和国以及其他非洲国家，钻石冲突也有迹可循。例如，刚果民主共和国拥有世界钻石储备量的近30%。在2001年，经过调查，一个联合国专家组得出以下结论：

> 刚果民主共和国发生冲突主要是源于要获取5种矿物资源（包括钻石），以及对这些材料的控制和贸易。当前外国军队对刚果自然资源的开发既具有内生性，也具有外生性。掠夺、勒索、建立犯罪团伙已成为被占领的领土上司空见惯的事。这些组织的分支遍布世界各地，对该地区目前的安全构成严重威胁。

这些言论出现在许多文章和著作中。特别是让·弗朗索瓦·奥鲁先生和其他作家共同写就的《非洲地缘政治下的钻石》一文，明确证实了所有政治经济世界都已意识到非洲的钻石潜力。

由于这些非洲国家拥有着令人印象深刻的钻石储备，非洲人民整体遭受着苦难和意外冲突。为逃离这里所有的不幸、苦难和战争，越来越多的非洲青年踏上了向西方国家移民的道路。矛盾的是，他们中的大多数人对非洲的矿藏一无所知，也未从中获益。然而，丰富的矿藏是这片大陆不幸的根源。发达国家上层资产阶级女性的脖子上装点着由数克拉钻石制成的美丽项链，而非洲的妇女儿童却因这种珍贵的宝石终身残疾或失去生命。

因此，是时候让非洲从沉睡中苏醒了。自20世纪60年代独立以来，非洲终于意识到它应该把命运掌握在自己手中。这片大陆必须严厉打击部落战争、种族分裂和政治冲突，这些问题并不会给短期发展带来附加值，相反，它们带来了持续的、有时是不可逆转的负面影响，需要通过长期努力来弥补。

有几种类型的矿床制约着钻石开采。自然界中存在原生矿床、次生矿床和海洋矿床。

原生矿床由包含金伯利岩的岩管构成，金伯利岩是超基性岩浆岩，质地致密，通常呈深色。这些金伯利岩常被发现于古老的火山烟囱中。因此，它们是由火山岩喷发而成，含有 150—300 千米深的钻石。这些原生矿床将形成两种类型的矿，即露天矿和地下矿。

这两种矿在南非很发达，深度可达 1000 米以上。比如，位于金伯利的标志性矿场“大洞矿场”以及距离比勒陀利亚约 40 千米的地下矿“第一钻石矿”。

钻石形成于约地下 200 千米。这一数据表明，相比于钻石形成的深度，喷发后到达地下 1000 米左右的这一开采深度可以忽略不计。然而，对于人类来说是不可忽视的。如果人类能够前往如此深的地方寻找一块石头，比如钻石，这说明这种矿产资源对经济至关重要。此外，它的形成和来源也很特殊。

事实上，让这块石头变得闪闪发光、晶莹剔透的矿物是石墨。它本身就来自有机煤（煤）。石墨和炭是不透明的，分别呈灰黑色和灰色，而钻石是透明的，呈精致的白色。我们可以从这种对应中得出结论，钻石来源于炭，碳是其主要化学成分。

这是一堂人生之课，也许会给很多人带来希望。大自然通过煤炭变成钻石的过程告诉我们，一切皆有可能。

事实上，钻石是一种纯碳（C）晶体。这是它的硬度和光泽的来源，因为碳在自然状态或合成状态是坚硬的。举例为证，最好的摩托车头盔是由碳制成的，因为它们在事故发生时能更好地承受剧烈冲击。正是这些特有品质和生活中的各种应用，证明了钻石在自然中的稀缺性。

正如先前解释的，钻石形成于极端条件下：形成于距地表 200 千米的上地幔中（图 14），温度在 1300℃—2000℃之间，压强约为每平方厘米 75 吨。这一巨大压强，相当于将 75 吨的物体施加在一平方厘米的平面上。我不确定这样的压强在地表是否常见。灼热的温度、因深度而产生的巨大压强，在这些极端条件下，碳只能不断地发生变化。因为在自然界中，物质会受到影响发生改变或适应环境。这是一项同样适用于人类的自然法则。

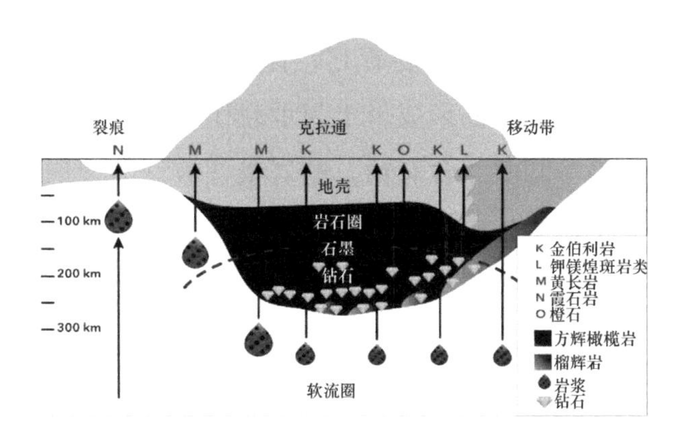

图14　钻石形成过程

对地壳下的液态碳进行处理是为了使其结晶，液态碳从中间态过渡至石墨态后，结晶为美丽的钻石晶体。

多项研究表明，综观钻石不寻常的形成过程，最坚硬的钻石似乎是那些经受了最极端条件后形成的钻石。同样，所有取得成功的国家和人类通常都经历了艰辛的准备和挑战。看看大自然教会我们什么，您认为非洲所遭遇的一切悲剧和苦难会永远如此吗？当然不是！

请放心，这片大陆将会占领各大头条。在不久的将来，它的煤和碳将出现在世界各地，它们历经种种苦难，从石墨变为闪闪发光的钻石。

请允许我这样坚持，非洲正处于石墨时期，也就是说，正在准备阶段，非洲繁荣的经济即将到来。在这一阶段，所有的地缘战略倡议、经济倡议以及环境都要为非洲的发展做出调整。从布雷顿森林金融机构给出的年度经济数据来看，这些迹象显而易见。由此可见，非洲未来的命运充满希望。还有很多原因可以让人们相信非洲的发展。

我们说回钻石的形成过程，接下来的阶段是经过火山爆发和岩浆侵入地壳裂缝后，晶体上升至地表。因为钻石难以抵抗超过1500℃的高温，金伯利岩包裹着它，保护它不在火山爆发中挥发。然而，研究表明，钻石的形成早于起承载作用的金伯利母岩。

最后，岩浆冷却时，含有钻石的岩浆柱被称为金伯利岩管。这种地质体是矿工们寻找矿石时最重要的线索。这些金伯利岩管是原生钻石矿床。因此，火山被大气介质侵蚀时，会形成次生矿床。即使还存在其他的钻石母岩，如方辉橄榄岩和榴辉岩，但金伯利岩仍是最主要的钻石母岩。

除了火山爆发，钻石也可形成于克拉通中的裂缝中。这就是为什么非洲所有拥有克拉通的地区和国家都盛产钻石，如非洲西部、中部、东部和南部。

有些非洲国家的钻石储备并不富足，因为它们的克拉通是真正的矿物资源贮藏所，比如西部的塞拉利昂、科特迪瓦，中部的刚果民主共和国、中非共和国，东部的肯尼亚、卢旺达，南部的南非、纳米比亚、莱索托、博茨瓦纳。

中部非洲的克拉通通常被称为刚果克拉通，南部非洲的克拉通被称为卡拉哈里克拉通，东部非洲的克拉通被称为尼罗河克拉通，西部非洲的克拉通被称为西非克拉通。

诸如覆盖了北非的撒哈拉变克拉通（ROCCI，1965 和 GIRESSE）已经证实为伪克拉通，与非洲的 4 个主要克拉通相比，它的矿产资源优势较小。

非洲的克拉通一般由古岩石构成，其年龄通常超过 25 亿年。这种岩石被称为太古岩。

年龄在16亿至25亿年之间的岩石被称为古元古岩或中元古岩。年龄在8亿至16亿年之间的岩石被称为新元古岩或上元古岩。

然而，若加上早于太古代的冥古代和元古代，这三个纪元的所有岩石都可以被归为前寒武纪岩石。

为了说明克拉通对非洲矿产财富的重要性，必须提到地质和矿产研究局2003年的统计数据。

数据显示，世界钻石产量的大约60%来自非洲克拉通的前寒武纪岩石。

非洲98%的金、75%的铁和92%的镍的产量都来自16亿年前的岩石，即太古代和元古代的非洲克拉通。

1998年世界铬产量的52%和非洲铬产量的90%分别是从卡拉哈里克拉通和其他16亿年前的非洲克拉通岩石中提取的。

非洲的铂族金属占世界储备量的85%，而99%的非洲铂族金属来自16亿年前的非洲克拉通岩石，其中，93%的铂类仅来自古元古代。

所有的数据都说明克拉通在非洲矿产潜力方面的重要性。我稍后将再次介绍这些克拉通对整个大陆的矿产财富建设的重要性。

二　尼日尔、加蓬、刚果民主共和国、中非共和国和纳米比亚的铀

沥青铀矿（pitchblende，来自德语，pech意为霉运，blend意为岩石）是铀的母岩，它是一种主要由天然氧化铀构成的岩石。

一些银矿（Ag）和几个开采铀矿的非洲国家也发现了沥青铀矿，比如尼日尔、刚果共和国、纳米比亚、中非共和国和加蓬。铀矿矿层可以被归为沉积矿床，但在这一部分提到它，是因为它也和岩浆岩矿层中的矿石有关。

提到非洲和世界各地的铀矿，就不得不提到尼日尔庞大且持久

的矿藏，特别是发现于阿尔利特、艾尔和伊莫拉轮的由法国跨国公司阿海珐开采的矿藏。

2011 年，阿海珐公司是世界上第二大铀生产商，也是法国核电站的主要矿物供应商。尼日尔是世界上第四大铀生产国，占全球市场的9%，仅次于哈萨克斯坦、加拿大和澳大利亚，它们所占的全球市场份额分别为 36%、17% 和 11%。

尼日尔承担了法国核电站所需的大约40% 的铀，因此尼日尔在它的前殖民国法国的军事、经济和地缘政治领域占据了战略要地。作为两国之间地缘战略关系的证明，法国自独立以来一直在开采尼日尔的铀矿。法国制造的核弹及其核电站所需的大部分能源，都归功于阿海珐公司在这个非洲贫穷小国生产的 40 多年的铀。阿海珐公司自 1972 年以来一直在尼日尔开展业务，法国政府持有该公司80% 的股份。铀被用作核电站的燃料，用于能源生产，尤其用于发电。正是这样，法国 75% 的电力来源于核电站。

阿尔利特矿床是尼日尔的主要铀矿。它由艾尔矿业公司（SOMAIR）运营，该公司 64% 的股份归阿海珐所有，36% 的股份归尼日尔所有。2012 年，该矿床生产出约 3065 吨铀。

位于萨赫勒和撒哈拉之间的伊莫拉伦露天铀矿是世界上最大的铀矿之一。阿海珐公司称，它将是世界第二大铀矿，同时也是非洲第一大铀矿。该公司与尼日尔矿业遗产公司（SOPAMIN）、韩国电力公司（Kepco）和尼日尔共同拥有开采特许权，它们分别持有56.65%、23.35%、10% 和 10% 的股份。该矿位于阿尔利特以南80 千米，距阿加德兹 180 千米，位于艾尔山脉西部。

就规模而言，这个矿床是很有希望的。阿海珐公司的数据显示，这个巨大的采矿项目长 8 千米，宽 2.5 千米，占地 200 平方千米，深度在 110—170 千米之间。此外，矿石的平均品位为每吨 0.8 千克铀。阿海珐公司的勘探人员说，充分开发后，伊莫拉伦矿在未来超过 35 年的时间里每年可生产约 5000 吨铀。

萨赫勒—撒哈拉地区占据了尼日尔北部，它们成为许多极端组织的猎物，这绝非巧合。因此，今天的萨赫勒—撒哈拉地区类似于法国武装部队及其盟友执行巴尔干任务的军营，这也绝非偶然。

所有的地质专家都知道，该地区有着丰富的铀储备和其他普通矿物储备。确切地说，艾尔地区拥有世界上最大的铀储备，每年约有 4500 吨粉末状铀从尼日尔地下提取出来。特别提醒一点，萨赫勒地区是南部大草原地区和北非撒哈拉沙漠地区之间的植物和气候过渡区。

诚然，铀给开采者带来了大量外汇，但是从另一个角度看，这种开采对生产国的影响也不可忽视。

事实上，这种矿石的特别之处在于它的放射性。放射性可以在水、空气和土壤中发现，也就是说，放射性无处不在。例如，黄饼是一种粉末状铀原矿，每年开采黄饼需要约 800 万立方米的水来处理从阿尔利特矿中开采的 3000 吨矿石。这一生产过程污染了该地区最大的化石含水层，因为该地处于沙漠地区，所以战略意义重大。空气和水也未能幸免，因为这些放射性废料暴露在空气中，40 多年后，它们已经充分地在空气中传播并污染了土地，对游牧民族和定居民族，特别是生活在该地区的图阿雷格人造成伤害。

根据放射性独立信息研究委员会（CRIIRAD）进行的测量，一些饮用水中的放射性元素含量比人每年可摄入的放射性元素高 10 倍。世界卫生组织（WHO）设定的数值为每年 0.1 毫希沃特。

这一发现十分惊人，因为尼日尔人相当贫穷，几十年来他们没有从铀矿开采中获取足够的利益。

2010 年，铀占尼日尔出口额的近 70%，但仅占该国国内生产总值的 5.8%，在经济上并不盈利。此外，这些数字表明，尽管铀是尼日尔的主要收入来源，但它并没有按其公平价格支付给尼日尔政府。加拿大和哈萨克斯坦的运营公司向国家缴纳的特许权使用费约为13%，而尼日尔的特许权使用费几十年来一直是5.5%。这就是为什么尼日尔政府在阿海珐公司新的开采合同中要求收取12%的采矿费。

考虑到尼日尔悠久的铀生产历史，正常情况下，尼日尔应该是发达的，但事与愿违，它在联合国开发计划署（PNUD）人类发展指数（IDH）的世界排行中位列最后。这一惊人的补充调查结果引出了一些是否合理、合法的问题，以理解普遍存在的不发达问题。这些问题奇怪地影响着大多数非洲生产国。

为什么尼日尔在进行了这么多年的采矿之后，还不能推动其社会和经济发展？自从采矿公司在这个萨赫勒国家成立以来，它们是否采取了足够的社会行动来帮助尼日尔政府完成其任务？这些问题值得回答，以便更好地了解尼日尔和这些非洲生产国存在的问题。

除尼日尔外，加蓬在上奥果韦省弗朗斯维尔附近的奥克洛也有铀矿。这是世界上唯一的发现天然核反应堆化石的地方。这就是研究人员所称的奥克洛现象。

事实上，1972年，当法国物理学家弗朗西斯·佩林在法国皮埃尔拉特的铀浓缩厂研究奥克洛铀矿的岩石样本时，他发现了裂变产物的核反应痕迹，证明了天然核反应堆的存在。尽管与人造核电站相比，该反应堆的功率较低，但显而易见的是，自1956年以来，加蓬一直是非洲乃至整个世界的铀生产大国。

其他非洲国家在认识铀矿的重要性方面也紧随尼日尔和加蓬的脚步。

例如，第二次世界大战期间，在比利时刚果（现为刚果民主共和国）的欣科布韦矿生产的沥青铀矿被用于测试和制造第一批原子弹。

中非共和国和纳米比亚也有铀矿，在其他非洲国家也发现了铀的痕迹。

所有这些只是非洲铀资源的一个缩影，因为非洲的地下资源很丰富，目前尚未充分发挥其开采潜力。

三 津巴布韦、卢旺达、刚果民主共和国、尼日利亚和摩洛哥的钨和锡

瑞典语中的“tung”意为“沉”，“sten”意为“石头”，“tungstène”译成法语意为沉重的石头。其母岩是花岗岩侵入体，属于岩浆岩。然而，黑钨矿是主要的含钨的矿石。

钨矿床被发现于花岗岩中，比如黑钨矿发现于淡色花岗岩的石英矿脉中，钼矿发现于斑岩中。

还应指出的是，大多数钨矿都会间接开采锡。矿工们也希望开采锡，因为钨和锡都具有一些特性。

钨因其硬度和耐热性而备受推崇。它是一种能够承受极端条件的金属。正是由于这些品质，它被用于军事装备、工业合金和制造家用灯泡的灯丝。此外，移动电话的震动功能也得益于钨。

非洲重要的钨矿之一在津巴布韦，位于首都哈拉雷以北的中部马绍纳兰省。它是加拉汉加卡罗伊的采矿项目。经过勘探钻研和样品分析，该矿床的纯钨储量估计为80000吨，最初分布在300公顷的土地上，后期扩展至600公顷。为了使该矿床有利可图，持有开采许可证的非洲康帕斯国际公司（ACI）计划在开采的第一年生产50吨钨，在随后的几年生产100吨。

锡被广泛用于铅和锌的合金中。它常与铜混合制成青铜，也是印刷电子电路的主要部件之一。

钨和锡往往和钶钽铁矿石有关，有时被认为钶钽铁矿石中的主要矿物，因为它们出现在同一地点。此外，值得注意的是，三分之二的钶钽铁矿石是在刚果民主共和国境内发现的，确切地说，是在

北基伍省、南基伍省和马涅马省。这些富足的矿区位于该国东部，距离卢旺达和刚果边界线不远。

在非洲，有许多已知的钨和锡矿床，特别是在摩洛哥，在大湖区，包括刚果民主共和国、刚果（布）、卢旺达、布隆迪和其他中非国家。

2014 年，卢旺达（世界第 9 大生产国）、刚果民主共和国（世界第 10 大生产国）和尼日利亚（世界第 12 大生产国）的锡产量分别为 4 万吨、4 万吨和 1 万吨。

四 塞拉利昂、南非、莫桑比克、马达加斯加、塞内加尔、肯尼亚和埃塞俄比亚的钛

正长岩、花岗岩以及花岗岩类岩石都是含有大量钛的岩浆岩。钛是最受欢迎的金属之一，因为它有非凡的物理特性。

钛具有强延展性、强耐火性，因此在军事领域用于制造潜艇和需要特殊装甲的工具。此外，它非常耐腐蚀，具有持久的强遮盖力。这些特殊的属性赋予它在航空航天领域占有一席之地，因为飞机的 5% 到 9% 都由钛组成，钟表行业也有钛的身影。钛还被用于制造炸药，这就是为什么一些专家认为，战争正在扩大对钛的需求，每年增长 4%—5% 。它是与黄金和铂金最兼容的金属之一。

地壳中的大部分岩石和矿物含有钛。大多数以氧化钛的形式存在，尤其是在金红石、钛铁矿、锐钛矿和其他矿物中。

这是一种高度战略性矿物。许多非洲国家拥有钛矿床，是钛的主要生产国。南非是世界第二大钛生产国，2012 年出口额达 8 亿美元，莫桑比克、喀麦隆、马达加斯加、肯尼亚、塞拉利昂、塞内加尔和埃塞俄比亚也是如此。

塞拉利昂拥有世界上最大的钛储备，它由美国的塞拉金红石有限公司（SRT）开采。2013 年，其金红石产量，也就是钛产量达到

2.5 万吨。

对甘哥玛干燥矿区的研究表明，6 年内该矿区大约可以生产 8.3 万吨金红石、4.6 万吨钛铁矿和 9500 吨锆石。这对这个国家的经济来说是一个绝佳机会，特别是在 2015 年，它的钛产量占世界总产量的 25%。

非洲的钛矿潜力巨大，喀麦隆也有一席之地，因为它拥有仅次于塞拉利昂的世界第二大钛储备。这就是位于该国中部的阿科诺林加矿床，其储量估计为 3 亿吨，分布在 3 万平方千米的土地上。

南非的开普敦有一个矿床，位于霍洛贝尼的野生海岸。据澳大利亚的矿业商品有限公司（MRC）所说，它被认为是世上第十大钛储备，该公司正在考虑开发它。这个矿床长 22 千米，宽 1.5 千米，预计钛矿石年产量达 45 万吨。

2014 年，肯尼亚首次实现了钛的生产，利科尼基地资源有限公司在科瓦雷矿的一个开采季度内生产了 7000 吨钛。

同样，在莫桑比克，仅 2014 年一个季度爱尔兰肯梅尔资源公司的钛产量就增加了 40%，达到 8.6 万吨。

马达加斯加南部有 2.21 亿吨钛铁矿，即钛矿。印度力拓公司在一片面积约为 62 平方千米的土地上对该矿进行了评估，并已经于此开采钛矿。至于这个矿床的开采潜力，瓦伦矿业公司说它拥有 2.66 亿吨重金属砂，其中包括钛和其他战略金属，比如稀土和钨。这个矿床至少可以维持 40 年的开采。

当我还是一名地质学本科生时，就在科特迪瓦的图莫迪地区和中部地区进行实地实习。在我们的勘探和研究过程中，很容易在地面和道路两旁找到金红石矿物。也就是说，在非洲，钛矿床比比皆是。

所有这些统计数据都证实，非洲的地下充满了对世界大有裨益的矿物，因此非洲是一片矿区，这片大陆是地球的采矿粮仓。

当我们考虑到大多数非洲生产国所面临的一切挑战时，采矿公司仅需将其1%的营业额用于发展，这片大陆的面貌就会变得光彩照人，人民的生活也会更加幸福。唉！情况并非总是如此，因为采矿业仍将不惜一切代价获取利润当作普遍行业准则。

五 赞比亚、纳米比亚和刚果民主共和国的铜

玄武岩是基性岩浆岩，由于热液和铁矿石的相互作用，其多孔区存在铜矿石。大多数大型铜矿床是通过这一作用产生的。正因如此，黄铜矿（$CuFeS_2$）是一种主要的铜矿。它是一种由铜（34.5%）和铁（30.5%）组成的双硫化物。虽然铜有其他母岩，如属于沉积岩的砂岩和页岩，但玄武岩被视为其主要母岩之一。由于铜经常与铁有关，这意味着玄武岩也是铁的母岩。

铜因其极高的导电导热性、抗腐蚀性和高回收能力备受追捧。

由于这三个特性，铜成为电力、电子和时下流行的远距离通信行业中广泛使用的金属之一。今天，得益于电脑、手机、平板电脑的微处理器中所有的铜电路和电缆，我们能够在互联网上更好地沟通。

此外，铜还有其他重要的用途。它在建筑和铅管工程中大有用处，可用于制造房屋配备的天然气管道和水管。在航空、铁路、船舶和公路运输中，它对蓄水池的设计和汽车、火车、轮船、飞机的机电工具设计做出了贡献。在工业领域，铜被用于工厂的机电工具及其设备中。在烹饪领域，铜被用来制造厨房用具。在建筑领域，铜是城市建筑和矩形结构骨架中的一个重要元素。最后，在银行领域，铜参与了硬币设计，比如一欧元中心的白色部分是由白铜制成的。

总而言之，如果没有铜，今天所有的人类活动和工业链会是什么样子？铜是关乎地球上人类生存和福祉的重要金属。

许多非洲国家因其铜矿床而闻名，特别是赞比亚、刚果民主共和国和纳米比亚。

赞比亚是非洲最大的铜生产国。位于科卢韦齐区的著名矿床“铜带矿床”是刚果民主共和国的骄傲。2013 年和 2015 年，刚果的产量目标与赞比亚持平，两年分别开采了 920000 吨和 995805 吨铜。尽管加丹加省一再出现电力问题，直接导致生产放缓，但仍实现了既定目标。

除了这些已在全国各地开采的众多矿山外，加拿大艾芬豪矿业集团在 2016 年发现了全非洲和全世界最大的铜矿床之一。它位于加大加省的铜带，卡莫阿南部，科卢韦齐以西约 25 千米，距离卢本巴希 270 千米。

实际上，在卡库拉地区的勘探测试取得积极成果后，艾芬豪矿业总裁罗伯特·弗里兰德先生在 2016 年 8 月 12 日的《非洲青年报》上发表了如下声明：

> 我们的发现证实，卡莫阿是世界上最大的未开发的高品质铜矿床。现在，我们的最新钻探结果表明，卡莫阿项目南部的卡库拉矿可能是非洲发现的最重要的铜矿。

据已完成的可行性研究，卡库拉矿床在 24 年内可生产约 610 万吨精铜矿，每年约 25.4 万吨。另外，该矿床的铜质量非常好，品位为 3.59% 到 8.11%，边际品位为 1% 到 2.5%。

为了进一步了解刚果民主共和国巨大的铜储备，还必须提到的是，卡莫阿矿床被发现于 2007 年，卡库拉矿床是其中一部分，估计含有 4500 万吨纯铜，预计于 2018 年开采。

2015 年，赞比亚是世界第八大铜生产国，也是非洲第二大铜生产国，产量为 711715 吨。它巨大的铜潜力要归功于它的几座矿山，比如莫帕尼矿山，位于距首都卢萨卡300千米的穆富利拉市。该矿床由瑞士跨国公司嘉能可经营，每年从铜带中开采的铜有四分之一由它提供。

原则上讲，从这座城市的地下开采的所有铜都足以开发这片小小的非洲领土，但不幸的是，它的人民极其贫穷。此外，许多人患有与铜矿开采有关的呼吸疾病。正是这些卫生和人道主义方面的紧急情况，促使两名法国记者奥德里·格雷和爱丽丝·奥迪奥特制作了一部名为《赞比亚：谁从铜中收益?》的纪录片，于2011年5月5日在法国5频道播出。他们这样做是为了指出这些非洲城市的矿业资源开发与经济、社会发展之间的差距。

这方面的观察结果显而易见，因为政府经常在媒体上公布的令人目眩的增长率一般来说并不代表着矿业城镇的发展，也没有使其人口摆脱贫困。当我还是巴黎第七大学地球物理研究所的学生时，就做了一个关于赞比亚铜矿开采对环境的影响的演讲，意识到这些赞比亚人因财富而受苦，却无法从中受益，因为他们因铜矿开采而患上了难以想象的疾病。皮肤病、消化系统疾病、呼吸系统疾病和地下水污染已成为人们的日常生活。

同样在穆富利拉，长发矿产资源公司征得政府同意，建造了该城市的第二大铜矿——莫坎博矿。它每天生产3000吨铜，这将使赞比亚的红金产量增加5.5%，在2017年达到具有象征性的150万吨门槛。

除了非洲最重要的刚果民主共和国和赞比亚的铜矿床外，还发现了其他矿床，特别是海布矿床。它位于纳米比亚南部的卡拉斯地区，于1950年被力拓公司和鹰桥公司发现。

该矿床由加拿大泰克资源有限公司开采，拥有巨大的铜储量和斑岩型钼。

所有的这些非洲铜矿床的例子都只是非洲大陆铜矿潜力的冰山

一角。如果坚持做这项工作，我永远也无法梳理完非洲所有的铜矿床，因为它们的数量如此之大，且这片大陆的各处一直都有新的发现。

六　纳米比亚、布基纳法索、赞比亚、刚果民主共和国、南非和摩洛哥的锌

锌矿石通常与铅、银和铜有关，它们常常被一同提取出来。因此，铅、银、铜的母岩也同样是锌的母岩，也就是玄武岩和其他超基性岩浆岩。锌矿床中含有的主要矿物是闪锌矿（ZnS）。它是地球表面最丰富的硫化物。伟晶岩和热液矿脉同样是锌的母岩，在它们上升至地表的过程中，切割了许多岩石。

非洲最重要的锌矿床位于布基纳法索和纳米比亚。然而，在刚果民主共和国、赞比亚、南非和摩洛哥也有一些锌矿。

非洲和世界上最有前景的锌矿床之一是布基纳法索的佩尔科阿矿山。这是西非的第一个锌矿。其巨大的锌储备由布基纳法索南图矿业公司、瑞士嘉能可公司、澳大利亚黑刺李资源公司和布基纳法索政府共同开采。它位于布基纳法索中西部的桑吉耶省，距离首都瓦加杜古市以西135千米。

据该矿床的可行性研究估计，其锌储量为630万吨，品位为14.5%，也就是说，可在大约12年内开采91.3万吨锌。从长远来看，在矿山开发之后，矿业公司计划生产铅银精矿。

另一个由嘉能可和特雷瓦利运营的大型锌矿是非洲的骄傲，即纳米比亚的罗什皮纳矿。该矿床位于卡拉斯，距首都温多克以西南800千米。它的储量估计为1400万吨，其中黄金占2%，锌占8%，估计为120万吨。

所有这些数字表明，非洲在采矿方面资质雄厚。因此，在不久的将来，它一定会成为地球上最具经济和地缘政治影响力的大陆。

七 刚果民主共和国、赞比亚、纳米比亚、布基纳法索、津巴布韦和南非的铅

铅是一种有时与铜、锌和银有关的金属，它们拥有相同的母岩，比如包括玄武岩在内的超基性岩。由铅硫化物组成的方铅矿（PbS）是铅矿床的主要矿物，其中含有 86% 的铅。即使硫酸铅矿（$PbSO_4$）和白铅矿（$PbCO_3$）也被确认为铅的载体，但与方铅矿相比，它们中的铅还不足总质量的 10%。

环境中发现的一小部分铅来自铀的放射性衰变，这也正是其毒性的来源。今天，由于它的毒性，法国和其他西方国家自 1995 年起禁止在饮用水管中使用铅。

颜料、厨房用具、食品、化妆品和其他消费产品的成分中也禁止使用铅。

铅不只具有毒性，它也有有利的品质，因为具有强可塑性、延展性和耐腐蚀性而被广泛使用。

正是由于铅的这些长处，它被广泛用于制造水管和卫生设施管道。铅被用作主要的屋顶材料，因为它可以起到辐射屏蔽的作用，从而衰减 x 射线和 γ 射线。

由于其高电阻率和低熔点的特性，铅常被用作电力部门的熔断器。

在军事领域，考虑到铅具有毒性，它长期以来被用于战争和狩猎所需的弹药。

在印刷领域，由铅、锡和锑制成的合金被用于印刷文字。

然而，铅最重要的应用是在电子领域。

事实上，就像将在接下来的段落中谈到的钴（Co）和锂（Li）一样，铅对制造蓄电池作出了很大贡献。正是这些电池成就了新一代的手机和汽车，也就是智能手机、电动汽车和混合动力汽车。例如，美国是前三大铅消费国和生产国之一，大约 85% 的产量用于制

造电池。因此在过去的十年中，这一战略性应用使金属市场上铅价上涨。此外，由于非洲和中国对汽车和电话产品的巨大消费，所以它们持续地回收这种金属。2014 年，72% 的铅产量用于工业和汽车。这两个部门分别消耗了产量的 19% 和 53%。

目前，铅是从含有锌、铜和银的矿石中开采出来的。不过，后两种金属的比例一般较高。这表明，在非洲发现的所有大型铜、锌和银矿床也含有大量的铅。在刚果民主共和国和赞比亚的整个铜矿带，在布基纳法索和纳米比亚，以及在津巴布韦和南非等其他非洲国家，情况皆是如此。

八　摩洛哥、刚果民主共和国、赞比亚、莫桑比克、津巴布韦和南非的银

银和金、铂金一样，属于贵金属家族。它和锌、铅、铜、铝甚至金有相同的母岩，因此，也存在于玄武岩中。

鉴于银与这些金属之间的联系，其产量的 40% 来自银矿，30% 来自锌矿和铅矿，20% 来自铜矿，7% 来自金矿，3% 来自铝矿。

银是一种具有延展性和可塑性的金属，具有白色光泽，正因如此，经常被用于珠宝和金银器具领域，用于制造珠宝。

由于银的导电性优于铜，因此被广泛用于电子和电力领域。它被隔在两张聚酯薄膜之间充当计算机键盘的电气触点。在计算机的主板中，它也不可或缺。

如今，考虑到计算机在地球上大多数家庭和所有活动部门中占据的地位，可见银在我们日常生活中的重要性，以及不断寻找银以满足电子行业的高需求的必要性。

这种贵金属具有良好的承载力，使它在汽车和航空部门很受欢迎，它被用于柴油机车的曲轴和涡轮机的滚珠轴承上。

今天，世界上有哪个家庭或成衣品牌没有一面镜子呢？当然，

可能是极少数。

事实上，人们能够在镜子中看到自己的轮廓并在化妆时照镜子，主要得益于镜子中薄薄的闪光层，这就是硝酸银溶液。

继珠宝和电子之后，银的第三个应用领域是摄影。事实上，胶片和相纸主要由卤化银制成，它具有光敏性。尽管随着数码相机的出现，对银的需求急剧下降，但这一领域仍然占据了这种珍稀贵金属消费的重要位置。

在音乐和音响领域，银被用于制造乐器。例如，它可以制作出优质膜布或线圈，用于扬声器的高音部分。

在银行领域，银被用来铸造硬币和奖章。

非洲有几个国家是白银生产国。摩洛哥是非洲的主要生产国，其 2013 年和 2014 年的银产量估计分别达到 255 吨和 277 吨，排名世界第 16 位。摩洛哥的这种采矿业绩归功于非洲最大的银矿之一。它位于摩洛哥高阿特拉斯地区，在阿布兰山对面的伊米特镇。自 1969 年以来，马纳姆集团的子公司伊米特冶金公司（SMI）一直负责这一重要矿山的开采，每年生产超过 240 吨银。SMI 在 2010 年取得了 7400 万欧元的营业额，这可以作为该矿活力的证明，也使得摩洛哥不太费力地成为非洲银矿生产国之首。

这个矿床和整个刚果与赞比亚铜带以及南非、津巴布韦和莫桑比克正在生产的银矿互为补充，它只是非洲大陆丰富采矿潜力的一个佐证。

九 马达加斯加、南非、博茨瓦纳、科特迪瓦、布隆迪和喀麦隆的镍

方辉橄榄岩和纯橄榄岩是超基性岩石，也是镍的母岩。岩石的风化过程导致它们排出所含的镍。因其高镍含量，硅镁镍矿石是这种战略矿物的主要矿物之一。

镍是一种具有许多特性的金属。它坚硬、有延展性、可塑性强、耐氧化和耐腐蚀。得益于所有这些物理特性，它被用于制造硬币，包括1欧元和2欧元硬币以及一些美国和加拿大硬币。

镍通常与钴（Co）结合，铸成优质合金，通常被称为超级合金。这些超级合金被用于航空工业的喷气发动机和飞机发动机的制造。

非洲是世界上主要的镍产地之一，有几个非洲国家是镍出口国。比如，世界上第10大镍生产国南非和第12大镍生产国马达加斯加，它们在2014年的产量分别达到55000吨和37000吨。

恩科马蒂矿是世界和非洲最著名的镍储量之一。它位于南非的姆普马兰加省。根据世界最大的镍生产商俄罗斯诺里尔斯克镍业公司和非洲兰博矿业公司的研究，恩科马蒂的镍储量估计为2.41亿吨，品位为0.35%。除了这些硫化物矿石外，还有铂族金属、铜、钴和铬矿。这个镍矿可开采至2017年。

除了恩科马蒂矿之外，还有位于博茨瓦纳的塔蒂镍矿，估计储量为2.39亿吨，品位为0.22%。

马达加斯加在镍生产国中的排名并非偶然。该国东部地区有一个镍钴矿，在这些矿物商品价格高的时候，该矿雇用了9000多人。这就是安巴托维矿，大约30年内，它每年生产6万吨镍和6000吨钴。伴随着矿床的开采而来的是经济和战略上的挑战，为做出应对，马达加斯加前矿业部长丹妮拉·兰德里亚费诺女士于2012年在这个开采项目开幕式上毫不犹豫地说：

> 安巴托维是社会经济发展的保证，也是多年来为发展采矿业所做的政治努力的具体表现。这对国家来说是一个机会。

一段时间后，世界银行在2012年10月的一份报告中指出了这一点：

> 马达加斯加的国内生产总值预计今年会出现更强劲的增长，这反映出安巴托维项目的启动所产生的影响。尽管如此，在短期和中期内，该项目应该不会对就业和人民生活条件产生有利的影响。

这个补充证据清楚地表明了采矿业对非洲生产国发展的附加价值，即使其人民并不总是受益者。

布隆迪也在镍的生产中有一席之地。2016 年 12 月 8 日，负责布隆迪经济的副总统约瑟夫·布托雷先生宣布在鲁塔纳省的穆松加迪发现了一个镍矿，其储量估计为 1.8 亿吨。同样在布隆迪，于卡鲁西省的瓦噶尼亚比克累发现了另一个储量 9000 万吨的镍矿。这两个矿床由布隆迪矿业冶金公司、国家投资者、布隆迪政府和非政府组织（NGO）开采。他们共享股份。

在非洲还发现了其他几个镍矿，特别是在科特迪瓦西部的锡皮卢地区，据瑞士嘉能可公司估计，该地基本金属储备为 2.59 亿吨。

在喀麦隆发现的洛米埃矿和恩卡姆纳矿已被确认，储量为 6800 万吨，镍品位为 0.66%，钴品位为 0.26%，锰品位为 1.48%。

非洲的镍矿不胜枚举，本处的举例就到此为止。随着时间的推移，发现的镍矿只会越来越多。

对于那些仍对非洲的开采潜力抱有怀疑的人来说，这些数字证明了非洲确实是一个富裕的大陆。

十　南非和津巴布韦的铂金

辉石岩是一种超基性岩浆岩。它是铂金的主要母岩之一。铂金是一种珍贵的金属，经常与其他贵金属如黄金和钯联系在一起。然而，它也可以在铁、铜和镍的附近找到。

铂是一种高贵的矿物，在珠宝业具有很高的价值，因为它抗磨损且不易褪色。在户外，它不会氧化或褪色。这样的化学稳定性吸引了时尚专家，使其成为珠宝专业人士的特别王牌。

铂金是一种多功能的金属。在军事方面，它可以用于炸药的设计。在图片业，它也被用于印相，功不可没。

在能源领域，铂金同样用途颇多，因为它可以通过铂金催化剂参与到石油精炼中。

今天，由于其稀有性，铂金是一种比黄金更有价值的金属。众所周知，世界上大约20%的手工制品中含有铂金，因此其重要性毋庸置疑。

2005年，仅非洲就占了世界铂金产量的77%左右，而目前地球上的铂金储量估计只有13000吨。

南非是目前世界上最大的铂金生产国，其年产量在50—60吨之间，而世界总铂金产量为每年230吨。这证明南非在铂金市场上处于领先地位。

南非拥有世界上80%的铂金储量，与俄罗斯一起，占全球产量的90%左右。南非在国际铂金市场上的声誉归功于三座矿山。

第一个以鲁斯滕堡盆地的五个矿山为代表，雇用了超过70000人。它们位于马里卡纳地区，准确地说是在南非北部的铂金带，距离约翰内斯堡100千米。到目前为止，它们是世界上最大的铂金矿。这些矿场由英帕拉铂金公司、隆明公司和英美资源集团（Amplats）共同经营，后者是世界上最大的铂金生产商。

第二个是位于该国西北部的伊兰矿。它由瑞士嘉能可跨国公司开采。由于财务问题，该公司于2015年10月宣布关闭。

第三个是联盟矿场。该矿同样位于该国北部，由英美资源集团经营。在员工罢工5个多月后，该公司正考虑像马里卡纳的一些矿场一样关闭该矿。这些要求给公司的运作带来了深刻的经济影响。

除南非外，津巴布韦也是最大的铂金生产国之一。它是非洲和世界的第二大铂生产国，拥有仅次于南非和领先俄罗斯的世界第二大铂金储备。津巴布韦之所以取得这样的地位，是因为它有几处矿藏，特别是距离首都哈拉雷 70 千米的达温代尔矿。该矿床由俄罗斯和津巴布韦合资公司 Rushchrome 矿业公司经营。它是世界上最大的铂金矿之一，已探明的铂金储量约为 19 吨，其他金属矿物储量为 775 吨。

2016 年 7 月，津巴布韦储备银行透露，该国在上半年生产了约 4.321 吨铂金，与 2015 年上半年的 2.03 吨产量相比，增长了 43%。

这进一步证明了津巴布韦、南非乃至整个非洲的开采实力。

十一 马里、津巴布韦、纳米比亚、南非、卢旺达和刚果民主共和国的锂

锂是一种柔软的、银灰色的碱金属。由于它的高反应性，在自然环境中很难找到它的原始状态或金属状态，而是以离子化合物的形式出现。因此，锂是一种不喜欢在自然界中独行的金属，习惯与其他元素联合以保持其稳定性。

在金属状态下，锂与水和空气接触时会迅速发生反应并氧化，从银灰色变成深灰色，最后变为黑色。因此，它被储存在矿物油中来保护它不发生变化。

尽管如此，有一些母岩可含有高浓度的锂，并且可以带来很高的经济回报。比如伟晶岩，它是一种岩浆岩，含有长达 20 毫米的大晶体，成分可媲美花岗岩，主要有石英、长石、云母以及其他附属矿物。伟晶岩经常在花岗深成岩附近形成矿脉。因此，锂也会像其母岩一样被发现于矿脉中。

锂是其他碱金属盐类中的一种杂质。这就是为什么在自然界

中，它被列为来自古老的大陆盐湖和油田地热水的盐水（一种盐的水溶液，通常是氯化钠：食用盐，已饱和且浓度高）中的氯化物。

锂也以硅酸盐的形式存在于锂辉石（硅酸铝锂）、透锂长石和伟晶岩。

它还存在于赫克托石中。赫克托石是由凝灰岩（一种由火山灰组成的岩石）热液变化产生的黏土，也存在于贾达尔石中（一种硼酸盐，即由硼原子和氧原子组成的矿物）。

锂是地壳中继镍、铜和钨之后第 33 种最丰富的元素。它是最轻的金属，因为它的分子量最低，密度最低，其密度（0.534g/cm^3）还不到水的一半。它的物理特性使其成为唯一能够漂浮在碳氢油和水上的金属。然而，它是比热容最高的固体。

由于它有多种用途，因此受到采矿业的高度追捧。在玻璃和陶瓷的制造中，它必不可少。该领域在 2014 年消耗了 35% 的锂产量。

锂也是一种高科技金属。因此，它在信息和通信技术领域用途广泛。自 1992 年以来，它与钴共同作为笔记本电脑和移动电话配备的电池与锂离子电池的主要成分之一。

事实上，由于锂具有较高的电化学潜力，一直被用作电池的阳极。2000 年，该领域占锂消耗量的 9%。2014 年，它覆盖了 31% 的锂生产量。今天，这一领域对锂的需求正在增长，因为锂电池占可充电电池市场的 66%，且这一趋势不会很快停止。我之所以这样断言，是因为在过去十年中观察到的汽车行业发展动态，混合动力汽车或电动汽车的制造已是大势所趋。它们的运作归功于锂电池。2015 年，全球使用可充电锂电池的混合动力汽车和电动汽车的数量估计为 500 万辆，占新制造汽车的 10%。

此外，信息技术领域也不例外，市场上的计算机数量不断增长。今天，大多数由东芝、戴尔、惠普、微软等电子巨头生产的计算机都是由锂电池驱动。三星、苹果、索尼制造的手机以及它们所有的集成移动设备都由锂电池供电。

您是否计算过一天中给手机或电脑充电的次数？令人印象深刻！我们整天都在这样做。每天数以百计的应用程序被滥用，这可以作为证明。再加上人们在社交网络上花费大量的时间，这也加快了手机电池的耗尽速度，甚至使其损坏。此外，今天手机的首要功能已经不再是拨打电话，而是各种应用、游戏和社交网络。

锂还被用于制造润滑脂、生产橡胶和热塑性塑料以及铝冶金。

在制药领域，锂被用于精细化学品，以治疗睡眠障碍、神经质、硬化和其他疾病。

过氧化锂被用来去除空气中的二氧化碳，特别是在小型、密闭的环境中，如潜水艇和航天飞机。

在核物理学中，锂在核反应中是必不可少的，以生产用于核聚变氚。

在航空领域，锂铝合金被用来制造飞机部件，其中包括名为“阵风”的法国战机的零件。

根据美国地质调查局（USGS）的数据，世界锂储量估计为2500万吨。

这些数字受到其他研究小组的质疑。然而，所有人一致同意这些储备将不足以满足时下热门的计算机行业和汽车行业的需求。

例如，在2003年，一吨锂的成本约为300美元，而在2008年达到了3000美元。

在非洲，主要的锂矿藏位于津巴布韦、马里、南非、纳米比亚、刚果民主共和国、卢旺达和塞内加尔。

在津巴布韦，比基塔露天矿是基准锂矿，其品位为4.45%，年产量为33000吨。

在马里南部的布吉尼已经发现了一个名为古拉米纳的锂矿床。它的露头长700米，深150米。根据澳大利亚锂业有限公司Birimian 的初步研究，古拉米纳矿的储量在 1500 万至 1800 万吨之间，锂的品位在 1.8% 至 2.2% 之间，实验性回收率为 6.7%。鉴于锂的战略意义，2016 年有人建议，国家应以 1.075 亿美元收购古拉米纳矿藏。该矿将于 2019 年建成，2021 年开采，给马里带来了巨大的希望，因为它会带来 8690 万至 1.42 亿美元的投资。格雷格·沃克先生在 2017 年 10 月证实了其开采潜力，他说：

> 基于目前所示矿产资源的预可行性研究证明，古拉米纳在技术方面和经济方面都会是个可靠的项目……

古拉米纳项目可维持 9—14 年。

除了澳大利亚，中国作为锂的最大消费国，也将毫不犹豫地投资于此类项目，因为它是锂电池生产大国。

十二　刚果民主共和国、卢旺达、布隆迪和乌干达的钶钽铁矿石：一种吸引了全世界目光的矿物原料

钶钽铁矿是一种黑色或红褐色的矿物，它由铌铁矿和钽铁矿这两种矿物结合而成。

钶钽铁矿的名称“coltan”一词是这两种矿物的缩略语：“col”取自“colombite”（铌铁矿），“tan”取自“tantalite”（钽铁矿）。我们可以从中提炼出贵金属或铌和钽。

钶钽铁矿不仅是发达国家的战略金属，同时也是发展中国家，特别是一些非洲国家的战略金属。

钶钽铁矿和钻石一样也被称为血矿，因为随之而来的有许多争议，各种走私和无休止的冲突，主要集中在已发现其矿藏的地区。

最重要的钶钽铁矿床位于中非，确切地说是在刚果民主共和国的基伍地区。该地区拥有世界钶钽铁矿储量的 60%—80%。这也是

基伍省20年来社会持续动荡的原因之一。因此，它的不稳定与那里正在发展的所有地缘政治、地缘战略和经济问题有关。钶钽铁矿的存在激起了人们的热情，有时这种热情是过度且致命的。不知不觉中，基伍省成了今天发达国家所有主要矿业公司竞争和地缘政治及经济征服的中心。

钶钽铁矿石产生的利害关系和利益是如此重要且具有战略意义，以至于它们超越了刚果民主共和国的国界。

事实上，世界也被这种重要的矿物原料所吸引。想象一下，美国、法国、中国、英国甚至印度将它们所有的精力集中在一个国家，就是为了占有一个其垄断性足以确保它们几十年发展的宝藏，这将会是什么场景？这也正是刚果民主共和国和基伍地区几十年来的地缘战略背景。

为了显示其超强的吸引力和生命力，钶钽铁矿石也被称为“灰金”。自2001年以来，由于它的高需求和其储备对国家的战略意义，开采成本一直在稳步上升。今天，这种矿物在国际市场上受到高度重视，开采它比开采黄金回报更高。

之前，一千克钶钽铁矿石的售价为500美元，但现在已经上涨了2000%以上。

那么，为什么钶钽铁矿如此具有战略意义并受到追捧？为什么世界上所有的大国都想得到它？其特殊的物理特性可以给出答案。

事实上，从钶钽铁矿中提取的钽因其高抗腐蚀性和高耐热性而受到追捧。因此，它被广泛用于设计火箭和导弹等军事领域。

在航空航天业中，钶钽铁矿的特性适用于制造钴镍合金，以用于制造飞机反应堆和钢铁。

在核领域，钶钽铁矿被用作热交换器的涂层。这些是核电站中的装置，其功能是在不混合的情况下将热能从一种液体转移至另一种液体。这种热流只通过隔开它们的交换面传递。

另一个依赖钶钽铁矿的行业是电子工业。它垄断了60%—80%的钽生产。因此，它是覆盖大部分钶钽铁矿产量的主要领域。

美国、法国、中国、印度、俄罗斯和所有西方国家毫不掩饰其不断且不惜一切代价想要获取钶钽铁矿的愿望，因为这些国家一直重视其人口及经济技术发展。

事实上，他们希望保证和延续新信息与通信技术在其国家的发展，以增进人民福祉，促进社会发展。他们已经明白，当今世界是由那些通过新信息与通信技术掌握沟通渠道的人控制的。在这一点上，别忘了钶钽铁矿被归类为高科技战略金属行列。

在21世纪的数字时代，钶钽铁矿是连接计算机和电子设备的基本组成部分。它在计算机微处理器、移动电话电容器和数码相机等的制造中发挥着不可逾越的作用，足以证明它的地位。

它还以其高熔化率和高能量密度而闻名。这些都对电压调节和小容量电能保护有重大贡献。出于这个原因，钶钽铁矿被广泛用于新一代数字设备的小型化过程。

您的房子某一个角落里一定有钶钽铁矿，它是您日常生活的一部分。您可能在不经意间用到它。此刻，您手中可能有钶钽铁矿石，因为您阅读这本书的电子设备或平板电脑可能含有钶钽铁矿石。

我们正处于新信息与通信技术时代。信息与通信技术的力量和霸权来自高科技产品的创新，如智能手机、iPhone以及许多其他连接设备。所有专门从事新兴数字技术产业的公司都是钶钽铁矿的主要买家，包括电话、成像和电子游戏行业的大型跨国公司，即摩托罗拉、苹果、阿尔卡特、诺基亚（已成为微软）、三星、拜耳、尼康、NEC、布依格、SFR、Orange、设计了PlayStation的索尼等。

举一个具体的例子，在2000年，正是由于钶钽铁矿的全球短缺和成本上升，索尼的PS 2才无法大量生产。

钶钽铁矿曾被认为是锡的次要矿石，直到它因其战略性质占据优先地位。它的母岩和锡一样是花岗岩。

它也是一种由铅、铌、铀 238 和钍 232 组成的复合矿石。这些附属矿物使其具有放射性，当地的小经营者暴露于其中。这些小经营者靠手工开采，冒着生命危险，因为他们并没有意识到这种行为的风险。刚果民主共和国的基伍省就是这种情况，它是世界上主要的钶钽铁矿储备地。在这个地区，儿童矿工每天都在经历环境和健康灾难。

即使澳大利亚被官方指定为提供80%钶钽铁矿产量的国家，但业内人士知道，其实是刚果民主共和国引领着这种矿物的生产。

奇怪的是，根据联合国的一份报告，卢旺达、布隆迪和乌干达没有在其境内开采钶钽铁矿，但它们却是生产国。这怎么可能呢？是否存在一个平行网络代表这些与刚果接壤的国家也开采钶钽铁矿石？

根据同一份报告，这些国家维持并利用刚果钶钽铁矿产区存在的冲突，以便购买并销售从其地下开采的数吨钶钽铁矿。

根据卢旺达国家银行的统计数据，联合国报告的结论不久后将得到证实。卢旺达国家银行的数据显示，2014 年仅钶钽铁矿的登记收入就约为 1. 345 亿美元，而同期所有其他矿物的出口总收入仅为 2. 262 亿美元。

根据这些数字，卢旺达自然资源国务秘书伊曼·埃沃德先生在接受 KT 新闻采访时表示，卢旺达希望在 2017 年跨过 4 亿美元的矿产出口收入大关。此外，他说，这一业绩将立刻带来 60 万个与采矿活动直接相关的就业机会。

考虑到卢旺达钶钽铁矿出口收入，我们有理由对这种矿物的来源提出几个问题，因为这个国家没有大量的钶钽铁矿矿藏，拥有大量钶钽铁矿的是刚果民主共和国。

事实上，自该地区发现钶钽铁矿石并确定其具有战略和技术特性以来，与20多个武装团体的多重冲突在基伍省不断蔓延。据不完全统计，有800多万人死亡，妇女被强奸、残害，出现饥荒，许多流离失所的人逃离了钶钽铁矿产区。然而，尽管非洲这一地区十多年来一直处于危机和紧急状态，但对钶钽铁矿的需求持续增长，最新一代手机和计算机的产量和产品系列仍在增多。

出于团结和保护非洲文化，我们希望非洲各邻国不要利用同胞的不幸致富，但刚果民主共和国与其邻国之间的情况并非如此。

现实情况人尽皆知。然而，由于某些政府、多个跨国公司和潜伏在暗处的商人的自私自利，它已持续多年。

如果正在开采的钶钽铁矿真的是为了刚果人民的发展，就不会有人为此申冤了。只是，现实情况是悲哀的，开采这种宝贵矿产的经济收益并未进入卑微的刚果公民的口袋，而是进入了少数特权人士的口袋。在人民的日常生活中没有出售钶钽铁矿所获得的收入的身影，因为他们整天在贫困的重压下煎熬，甚至没有最低标准的体面生活。总的来说，他们在贫困线以下生存。

唉！刚果民主共和国的经济环境和加剧的欠发达状况令人难过，但同时也很矛盾。尽管坐拥大量财富，刚果民主共和国由于幅员辽阔且拥有重要的矿产资源，有人称之为大陆国或地质丑闻国，但在1960年独立57年后被列为重债穷国（HIPC），因为它从未像其他非洲生产国那样掌握其地下矿物的控制权。

为什么微软、苹果和三星等公司多年来能够拥有不断增长的销售额，而它们的钶钽铁矿开采地——刚果民主共和国和整个中部非洲却无法实现其经济和社会的发展？

当经济和政治世界认真考虑所有地缘政治和金融参数后，对这一问题坦率地给出一致的回答时，变革的太阳将在几个非洲发展中国家上空升起，人民的生活将会更美好。

十三 刚果民主共和国、赞比亚、喀麦隆、博茨瓦纳、摩洛哥、南非和乌干达的钴

橄榄岩是一种超基性柱状岩石，其中最常见的是哈兹堡岩。它是钴的母岩，也是其他战略性金属的母岩。它通常通过水化作用改变，从而形成一种叫作蛇纹石的岩石。因此，要找到钴矿就必须寻找这些与之有关的岩石。

目前，钴是世界上八大战略矿产之一。它之所以重要，是因为它的物理特性，即抗腐蚀性和延展性。这些特性使它被应用于牙科合金和钢基超合金，这些超合金用于制造燃气轮机部件和飞机发动机。得益于这些特性，钴也被用于生产碳化物，以制造名为高速钢的切割材料。今天，75%的钴产量被用于制造合金和钢铁。

此外，凭借其优异的化学特性，钴可以作为催化剂用于油漆、油墨以及石油化工行业。它还被用于制造轮胎和黏合剂。

由于钴的磁性，它成为制作强力磁铁和制造磁带录音工具的材料。

目前，最受欢迎且增长最快的钴使用领域是电子和远距离通信。

事实上，和锂一样，钴也被用于制造锂离子电池，即用于制造移动电话、电脑和电子设备中的电池。

事实上，这些电池的两个电极之一是由二氧化钴（$LiCoO_2$）组成的。这意味着，锂市场的增长同样带动了钴市场。

如今，随着高科技不断创新，锂离子电池在电子市场上占有相当重要的地位。多年来，安卓平板电脑、iPhone 系列产品和智能手机相继问世，这带动了对钴的需求。今天，新信息和通信技术领域约占钴消耗量的30%。这恰恰说明了我们正处于新信息和通信技术的时代。

在汽车行业，随着需要可充电电池的混合动力车和电动车的兴

起，钴开辟了一个充满希望的新市场。据统计，在不到十年的时间里，钴消耗量预计将翻一番，于2025年达到76000吨。如果一部iPhone的电池需要5—10克的精炼钴，那么一个电动汽车电池大约需要15000克，即15千克。2016年，一吨精炼钴的成本在20000—26000美元，变化速度相当快。

对钴的需求持续增长，人们可能会合理地问，这种重要的矿物究竟在哪里被大量发现？毫无疑问，非洲拥有世界上大部分的钴储备。2005年，其产量约占世界产量的56%。

钴存在于我们的环境中，比如水中、空气中、土壤中、所有生态系统中，因为汽车和飞机排出的尾气也含有钴。同样，钴矿以及煤炭、石油燃烧产生的烟雾也会向大气中释放钴颗粒。所以，这种矿物有很多优点的同时，也有缺点和局限，可能对人类健康有害。

事实上，钴含有放射性同位素，特别是钴60。也就是说，它可能是致癌物，因此在使用时需要采取预防措施。不幸的是，在大多数情况下，在当地居民手工开采的几个非洲矿场里并未采取措施。因此，工人们暴露于放射性辐射中，健康受到损害，不论是短期和长期来看，都是不可逆转的。

在刚果民主共和国，每天有10万—15万名手工采矿者毫不知情地承担着这种风险。与钶钽铁矿一样，刚果民主共和国的钴矿同样雇用儿童矿工，他们也常常面临这种健康风险。Youtube和各种搜索引擎上仍有相关的视频报道可证明我的观点。例如，法国RTL信息频道对手工开采的钴矿中的儿童就业情况进行了相关报道。在这段视频中，一个因采矿工作而遭遇健康问题的孩子说：

> 每天早上醒来，我都害怕去上班。一切都让我很痛苦。

同一视频中，一位在该手工开采钴矿工作的成年男性接受了采访。他的脖子肿了起来。这一症状表明他患有俗称为甲状腺肿大的疾病。他怎么会得这种病呢？他如下解释道：

我们只是喝了水。水是岩石里流出的天然水。

另一名男子则提到他们在孩子出生时观察到的奇怪现象：

许多婴儿出生时就有严重的感染，身上就长满了疙瘩。

有网站（www. infochretienne. com）发布了一个视频，该视频也可以在 Youtube 上找到。视频中钻矿上的 8 岁男孩多森在工头的命令下冒雨工作，随后他说：

我工作时很痛苦。我的母亲已经死了，所以我必须整天工作。

11 岁的理查德也这样说：

我早上醒来的时候觉得非常糟糕，因为我必须再次回到这。一切都让我很痛苦。

从视频中我们可以看到，孩子们扛着一袋袋钴，不戴手套分拣矿石，因此他们极易患皮肤感染和呼吸道感染。一些孩子只有 4 岁，而那些购买矿物原料的人却无动于衷。此外，这些儿童还经常受到雇主的威胁，每天工作时间超过 12 小时。

的确，非洲是钴矿开采的中心，我希望看到开采这种矿物能够为非洲大陆的社会经济发展作出贡献，但不可以忽略为此付出的代价。这些公司必须遵守现行法律，尊重钴矿工作者的生命和健康权，也就是说，他们应该在符合标准的卫生环境下工作。

非洲国家因其大量的钴矿而闻名。它们在钴生产国的排名中占据着首屈一指的位置。赞比亚就是如此，它是世界上第一大钴生产国。还有刚果民主共和国，它的加丹加省占有世界上已确认的钴储量的50%以上。

世界上大约60%的钴产自刚果民主共和国南部，特别是科卢韦齐地区。今天，这个国家已经超越赞比亚，成为主要生产国。这一成就归功于钴的出口。根据加丹加省政府矿业和地质部门的数据，其钴的出口量已经从2007年的26168吨上升到2013年的119341吨。

在刚果民主共和国的大型钴矿中，位于该国东南部的特恩克凡古鲁米以1.36亿吨的铜和钴含量脱颖而出，占世界钴储量的13%。它是由中国钼业公司从美国的麦克墨伦自由港铜金公司购买的。这个矿使中国成为世界上主要的钴消费国和生产国之一，因为它现在拥有世界75%以上的钴产量，并且是制造锂离子电池的领导者。中国90%以上的钴来自刚果民主共和国。提文赞比矿和卡瓦马矿也是这个广阔的中非矿业国家的钴矿。

除了已经提到的拥有这种矿物资源的非洲国家，还有喀麦隆、博茨瓦纳、摩洛哥、南非、乌干达和赞比亚。其中，喀麦隆是一个典型案例，据说在该国东部的森林地带发现了有史以来的最大钴矿。

罗列这些矿床的清单并不是无用的。我在本书中特意强调，是因为它们体现了非洲丰富的矿产和非洲对全球经济的重要性。

首先，所有这些数据清楚地表明，为什么跨国公司、国际金融机构和一些西方国家对非洲如此感兴趣，以至于它们正在绘制非洲的矿产图。它们需要非洲的矿物来继续推动它们的发展。

其次，这些数据还揭示了非洲生产矿物资源地区和国家几十年来一直反复遭遇致命冲突的原因。这是因为它们掌握着所有国家的战略矿物原料。因此，世界上的大国想要不惜一切代价、不顾任何风险地获得这些矿石原料。

事实上，非洲的矿产资源关乎世界上的富裕国家的利益。非洲人不知道贫穷国家或发展中国家该如何利用这些矿物，而发达国家非常清楚。例如，发达国家从非洲矿区购买了成吨的钴，几年后，这些战略矿物就以电脑、平板电脑、三星智能手机、苹果手机、通用汽车和 LG 家用电器等形式出售给非洲人民。

尽管这些事实相当矛盾，我也不愿对非洲的经济增长和发展持悲观态度。这片美丽大陆仍有希望，它拥有特殊的矿产资源和巨大的、未被发现的采矿潜力。

我看到了这个大陆充满希望的未来，尽管现在在某些矿区和一些非洲生产国是一片荒凉的景象。

的确，非洲正在逐渐从苦难和困境中崛起。只要看看国际金融机构编制的关于非洲的统计数据和经济报告，就会发现非洲大陆的情况正在改变。

最后，多年来非洲出现了新的社会阶层。非洲的面貌正在发生积极的变化，创业和新业务开始发展，如创建初创企业、在线销售或依靠社交网络进行商业营销的电子商务。

鉴于这些事实，非洲在不久的将来肯定会成为一股不可忽视的力量。

十四　南非、赞比亚、加纳、马里、科特迪瓦、布基纳法索、几内亚、塞内加尔、津巴布韦、刚果民主共和国和坦桑尼亚的金

金是一种珍贵的贵族金属，顾名思义，颜色为金黄色。它是一种纯净的大密度矿物，是所有金属中最具延展性的，通常通过其在

阳光下的强光来辨别。由于它的柔软性和可塑性，它很容易被塑造和加工，这就是自古以来它被用于制造装饰品、珠宝以及硬币的原因。

金是一种具有化学惰性的稳定金属，因为它在正常温度和压力下不会与空气和水发生氧化反应。

这一必要特性使它能够保持其闪亮的外表，因此它在珠宝业受到高度重视。作为珠宝，其基本价值就是光泽、奢华和美学。

金的法文“Or”一词及其化学符号“Au”来自拉丁文“aurum”，该词是从形容词“auriferous”而来，用来修饰任何含有金的物体。

玄武岩等超基性岩石是金的母岩，这一点和银等其他金属一样。在玄武岩中，金以其原生状态的包裹体出现。矿脉也是金的母岩。在尼日利亚，在一些花岗岩中发现了金。

金不仅存在于岩浆岩中，也曾被发现于沉积岩或岩浆母岩侵蚀产生的冲积层中。在这些冲积沉淀中，金的存在形式有含金粉末、沙子或被称为金块的大小不一的颗粒。

自人类诞生以来，金一直是人类觊觎的对象。在古代，作为世界强国的埃及为征服努比亚发动了战争。后者位于非洲，是著名的金之国。时至今日，金仍然是世人，特别是发达国家追捧的珍贵战略金属。正是这个原因，一代又一代人对金的需求始终强烈。

同样，在19世纪，世界经历了著名的淘金热。1885年的南非，1725年的巴西米纳斯吉拉斯，都经历了过淘金热。

这些时代可能看起来很久远，但是早在2000年前，开采金就已经是人们日常生活的一部分。这可以在大多数圣书中得到证实。在这些圣书中，金经常被作为礼物、荣誉或感谢而献给权贵和国王。因此，这种矿物对我们的文明来说至关重要。

除了其化学特性外，金还具有特殊的物理特性，它是继银和铜之后的第三大导电金属。

由于金具有优良的导电性、导热性、耐腐蚀性、高延展性以及在环境中不反应不生锈的特性，它被广泛用于电子和计算机领域，以制作超薄电镀电子触点和计算机处理器连接。这意味着在我们的台式机笔记本和平板电脑中存在着金。然而，金的稀缺性导致其高成本，因此这些领域的金使用存在限制。

在珠宝领域，金是合金的主要成分。因此，在珠宝行话中，我们将严格意义上说至少有 18 克拉（750‰或以上）金的黄金本体和少于 18 克拉金的黄金合金区分开来，一克拉相当于 0. 2 克。

因此，根据与之合成的金属及其比例，金会有一个典型的颜色。

例如，黄金含有 75% 的金、12. 5% 的银和 12. 5% 的铜。玫瑰金含有 75% 的金、20% 的铜和 5% 的银。白金含有金、银和钯。红金由金和铜组成，而蓝金含有金和铁。

尽管金有许多用途，但最常见的是储存于银行。

这指的是人们将自己的金钱和资产以金锭的形式存放在银行最隐秘安全的地方，即存放在银行的金库中，从而使其不受经济形势的影响。

因此，2010 年，在全球范围内，中央银行积累了约 27113 吨黄金，其中 40% 在欧洲银行，30% 在美国银行，还有 15000 吨黄金以私人储蓄为由储存在印度。此外，中国已表示愿意将其黄金储备增加至 5000 吨。

银行持有世界黄金产量的四分之一。2004 年，据世界黄金生产者协会统计，拥有最多黄金库存的银行是美国联邦储备局，它拥有 8100 吨黄金；其次是法国银行，黄金储备为 2451 吨；随后是瑞士国家银行，有 1350 吨黄金；最后是英格兰银行，有 312 吨黄金。

在这种情况下，黄金是对国家和全球可能发生的经济危机的一种预防储蓄。这就是为什么黄金在证券交易所，特别是在纽约、伦敦和东京证券交易所上市。由于其投机性，它可以作为金融晴雨表和监测工具，来证明世界经济的状态。因此，在经济不稳定的时候，黄金的价值增加，以作为面对股市危机的应急资金。例如，美国纽约世界贸易中心双子塔被袭击后震撼世界的经济危机期间，当时一盎司（24—33 克）黄金的成本高达 1921. 17 美元。

非洲是金产量最高的大陆。黄金生产国世界排名证明了这一点。事实上，几年来，加纳（2009 年世界第 10 大生产国，产量 86 吨；2010 年第 8 大，100 吨；2013 年第 9 大，104. 8 吨；2014 年第 6 大，104. 1 吨）或南非（2009 年第 4 大生产国，产量 198 吨；2010 年第 4 大，198 吨；2013 年第 6 大，179. 4 吨；2014 年第 6 大，167. 9 吨）等国家一直是全球十大黄金生产国之一。

南非是非洲最大的黄金生产国。即使它不再是世界上第一大生产商，美国地质调查局估计其探明储量为 6000 吨。

作为证明，在世界前十大金矿中，南非占了两个位置。它们分别是由南非英美黄金阿散蒂公司经营的位于卡尔顿维尔的陶托那金矿，2011 年的产量为 79. 2 万盎司，以及同样由该公司经营的位于克莱克斯多普的瓦尔河地下金矿，2011 年的产量为 83. 1 万吨。

“陶托那”在南非当地方言中意为大狮子，陶托那金矿是一个深度超过 3. 9 千米的地下金矿，平均每年生产 15 吨黄金。

加纳曾因其丰富的黄金资源而被称为黄金海岸，是仅次于南非的非洲第二大黄金生产国。在全国最大的塔克瓦矿的带动下，它的产量快速增加。其探明的黄金储量估计为 1400 吨。2014 年，塔克瓦矿开采了约 17. 4 吨黄金。

在世界 20 大黄金生产国的排名中，还有坦桑尼亚（2013 年排第 15 位，产量 52 吨；2014 年第 15 位，50. 8 吨）和拥有大型萨焦拉矿的马里（2013 年排第 17 位，产量 49. 2 吨；2014 年第 17 位，

48.6 吨）等。

在刚果民主共和国，被称为基巴利金矿的露天和地下金矿是非洲和世界上最大的金矿之一。它需要 25 亿美元的投资，位于该国东北部的上韦莱地区。它由英国兰德黄金资源公司、英美黄金阿散蒂公司和刚果政府运营，分别拥有 45%、45% 和 10% 的股份。

根据已有研究，基巴利矿的探明储量为 329 吨黄金，于 2013 年开采，预计将持续到 2031 年。在最初的 12 年里，开采商预计每年可提取约 17 吨黄金。

基巴利不是一个普通的城镇。由于其大量矿藏，它对非洲地区具有战略意义。事实上，它是刚果民主共和国、中非共和国、苏丹南部和乌干达之间的一个边境城镇，经常遭受统治该地区的叛乱团体带来的战争冲突的影响。

在非洲大陆的 54 个国家中，约有 34 个是黄金生产国。尽管一些国家，如刚果民主共和国（2014 年产量 35.8 吨）、苏丹（2014 年产量 31.9 吨）、布基纳法索（2014 年产量 38.9 吨）、津巴布韦（2014 年产量 23.9 吨）、几内亚（2014 年产量 23.5 吨）、科特迪瓦（2014 年产量 17.6 吨）、埃及（2014 年产量 11.7 吨）、埃塞俄比亚（2014 年产量 11.5 吨）、毛里塔尼亚（2014 年产量 10.1 吨）、塞内加尔（2014 年产量 8.6 吨）、赞比亚（2014 年产量 4.8 吨）和马达加斯加（2014 年产量 3.3 吨），与该领域的两个非洲巨头相比，生产水平仍然较低，但必须承认，它们正在努力提高其年产量。

考虑到非洲产金国的数量，将非洲大陆对世界经济增长的贡献最小化是不公平的。

今天，继石油之后，黄金贸易是采矿业的五大市场之一，贡献了采矿业的营业额，每年约占 650 亿美元。这 34 个非洲国家每年生产约 600 吨黄金，占世界产量的四分之一。此外，非洲拥有世界上已探明的黄金储备的一半。因此，我们可以说非洲是黄金业的一个战略大陆。

近几十年来，鉴于非洲的廉价劳动力和黄金价格的上涨，跨国公司一直在加速对黄金领域的投资，特别是在西非和中非。不幸的是，它们这样做有时会损害当地居民的福祉，他们被迫迁移，因为矿区的开采往往需要他们迁居他地。

这些理由并不详尽，但都是跨国公司和强国对这一大陆感兴趣的基础。

在本书中我将不断提到，非洲人是世上唯一没有意识到其土壤深处拥有财富的人。

只有他们自己不知道，他们每天走过的土地下有数不清的矿产资源。

只有他们自己低估了他们可以从中汲取的巨大财政收入，以促进各自国家的发展，改善只梦想着更美好明天的人民的生活条件。

对于一个人、一个民族或一个国家来说，没有什么比知道自己拥有财富、资产、潜力或财政手段，却无法在需要时利用它们更令人沮丧。毋庸置疑，非洲大陆的情况正是如此，其土地如此丰富，但人民却如此贫穷。多么自相矛盾！多么悲剧！这片大陆被诅咒了吗？不！我绝不这么认为。

其中的原因和非洲自身神秘莫测的故事无关。相反，它的根源在于地缘政治、经济和非洲缺乏高质量的领导。

关于最后一点，英籍尼日利亚牧师和商人马修·阿什莫洛沃先生在法国巴黎的一次会议上这样说：

> 第三世界面临的挑战不是缺乏资源，而是缺乏高质量的领导。

我非常赞同他的话。非洲的大城市有许多贫民窟，贫穷是显而易见的。许多人要问，非洲开采黄金所得的钱去哪了，因为大多数非洲人痛苦地生活在贫困线以下。非洲国家的领导人是否完成其使命，公平分配矿产资源开发所得的经济利益?

您可以思考这句话、这个问题，它明确表达出一个正直的领导人的职责所在，这在非洲乃至全世界都很难找到。它还体现了非洲农村和原住民的痛苦，以及非洲城市中底层群众的呐喊，他们只希望从他们的矿产财富中获益，过上充实的生活。

第二节 非洲的沉积岩矿床和矿场

沉积岩是一类由沉积物堆积而成的岩石，沉积物一般以层状或叠层形式沉积，形成地层。即使它们覆盖了地球表面的约70%，也只占岩石圈体积的5%。

沉积物转变为沉积岩的物理、化学和生物化学过程被称为成岩作用。

沉积岩也被称为外生岩，因为它们是在地壳表面形成的。然而，我们应把残余沉积岩与沉积岩家族区分开，因为它们是原有的岩石在其所处位置发生改变之后形成的，其中一些组成元素已经被水溶解。比如，铝土矿等矿石，它可用于提取铝，西非的几内亚是其主要生产国。

不同于外生岩，内生岩形成于地球深处，起源于岩浆或变质岩。

变质岩一般来源于岩浆或沉积岩，其特点是由于深处的温度和压力变化而重新结晶。我不会在此书中讨论变质岩，因为它们含有的矿物与岩浆岩和沉积岩相同。比如，页岩气就是变质岩矿物。

沉积岩在经济领域发挥着重要作用。它们是某些具有战略意义的珍贵矿物的储存点，如石油、天然气、锰、铀、金、煤、建筑材料和其他世界赖以生存的珍贵矿物。

根据沉积岩的形成方式和性质，可分为几种类型的沉积岩。碎屑岩就是一种沉积岩，它分为陆源碎屑岩和陆源生物碎屑岩。与其他种类沉积岩的不同点在于，碎屑岩由50%的碎片组成。

根据定义，陆源碎屑岩由先前存在的岩石碎片经侵蚀后瓦解堆积而成。它们占沉积岩的80%至90%。黏土、沙子和砂岩也属于沉积岩家族。沙子和砂岩是非常优秀的石油和天然气储藏库。由于其不渗透性，黏土或许不是一个优秀的碳氢化合物储层。尽管如此，它在石油储层中仍充当胶结物和密封剂的角色。

在大陆环境中，碎屑沉积物形成冲积层，而在海洋环境中，它们会形成浊积岩。这些浊积岩越来越受到石油工业的追捧，因为它们是深层沉积盆地的典型地质层，具有巨大的石油潜力。它们在石油勘探中的重要性已在多个非洲沉积盆地，特别是在几内亚湾得到证明。

另一种碎屑岩——生物碎屑岩或生物岩，其碎片由称为生物碎屑的生物体骨架组成。

生物碎屑岩分为火成碎屑岩和物理化学岩。

火成碎屑岩是由火山等自然现象抛出的岩石碎片堆积而成。比如，火山灰、凝灰岩、火山砾和火山渣岩，它们或多或少会受到水流的影响。

物理化学岩或生物岩是由有机物（MO）在温度、压力（与沉积物埋藏深度有关）和微生物活动的作用下积累和转化而成。最著名的例子是石油和天然气，曾经煤炭也占据同样重要的位置。

天然气，特别是石油对非洲大陆来说十分重要，鉴于此，我必须简单介绍一下这种俗称黑金的矿物是如何形成的。

几十年来，石油和天然气一直是经济地质学家和碳氢化合物巨头觊觎的对象。世界各国都参与其中，因为我们的运转离不开石油和天然气。

事实上，许多非洲人声称他们的大陆很富有，却不知道这些财富来自哪里，如何产生。这也是我决定写这本书的根本原因之一。我希望为促进非洲矿产事业的发展，尤其是为消除大多数非洲人在这件事上的无知献出微薄之力。

事实上，非洲是地球上唯一没有意识到其在文化、人口、社会、科学、地缘政治和经济方面潜力和财富的大陆。

凭借一系列明确的发展计划和若干年内具有可行性的项目，非洲是唯一可以无视经济预测的大陆。非洲忽略了一点，它可以像大多数发达大陆和西方国家一样制定 10 年、20 年、30 年或 50 年为期限的发展目标。然而，非洲并没有这样做。

一些非洲国家开始实施这些大型基础设施发展项目时，并没有坚持到底。项目流产在非洲相当普遍，以至于某个项目圆满完成对大众来说似乎是一件非同寻常的事，而这些成果是政治治理常态的一部分。因此，像科特迪瓦这样的国家很难将其政治中心有效地转移到亚穆苏克罗市，尽管这个城市自 1983 年以来一直被指定为该国的政治首都。时至今日，这个有益于国家发展的项目被推迟，因为下层政府并未继续推行。

事实上，这个项目需要大规模基础设施、持久的和平，最重要的是需要国家不断行动。科特迪瓦第一任总统费利克斯·乌弗埃－博瓦尼先生颁布了这一法令并致力于转移首都，直到他去世。他的后继者并没有将这一事项放在优先位置，尽管这个项目已经计划了数十年。因此，正如我先前所说，项目暂停是对发展的掣肘，是对未来缺乏预测。综上所述，经济预测对于一个国家或大陆的发展十分重要，必不可少。因此，非洲若想加速发展，就必须踏实行动。

让我们说回上面提到的《圣经》名言，要知道一个受过教育的民族的行为和未受教育的民族大不相同。他们行为积极和才能过人，为社会发展、同胞安居乐业奉献。这种差异体现在他们每天的行动中，因为今天所有繁荣的国家都有受过高等教育的人口。正是知识和教育带来了这样的差异。这就是为什么除了重视经济预测之外，非洲必须为其崛起和发展赢得另一场伟大的战斗，即青年和精英的教育培训。

如果非洲能重新审视自己，从错误中吸取教训，并利用其特殊的矿产资源和丰富的人力资源，就能实现发展的飞跃。

正如谚语所说：

路遥惜坐骑。

同样，非洲要想走得更远，就必须教育人民，通过执政者的有效管理整顿公共财政，设计短期和长期的创新项目，并对其矿产资源进行评估，以便更有效地开发这些资源，促进发展。

非洲必须绝对了解自己的潜力和资产，才能知道自己的极限与能力，这样才能更自信地在世界舞台上站稳脚跟。

非洲需要在这几点上下功夫，以充分利用其资产，最大限度地发挥其巨大潜力，因为它的价值远比表面上看到的多。

一　非洲国家的战略性石油和天然气

（一）石油和天然气是如何形成的

石油和天然气是由有机物和碎屑沉积物转化而成，它们在沉积盆地中转运、沉积，这些沉积盆地以适合容纳输送沉积物的海底或大陆环境为代表。

除了碳（C）和氢（H），沉积盆地中积累的沉积物还含有氮（N）和氧（O）。

因此，这种有机物将被氧化，以除去其中的少量的氧。在此之后，有机物将在缺氧的环境下继续发生变化。对于这种条件，我们称为厌氧环境。

在厌氧环境下，那些依靠少量氧气甚至不需要氧气生存的细菌，即所谓的厌氧菌，会回收有机物（CHON）中的氧（O）和氮（N）以维持代谢，并留下碳（C）和氢（H）。降解产物是油母质，它是一种不成熟的初级碳氢化合物。

从这一刻起，碳（C）和氢（H）结合，形成所谓的碳氢化合物（HC）。

首个碳氢化合物是甲烷，也称天然气（CH_4），因为它是经过生化降解在浅层形成的。

随着它们被埋入地下 1000 米以上，形成的甲烷暴露在高温和高压下，因此，它发生了分子变化，其化学成分变得更加复杂。这就是热降解（图 15）。

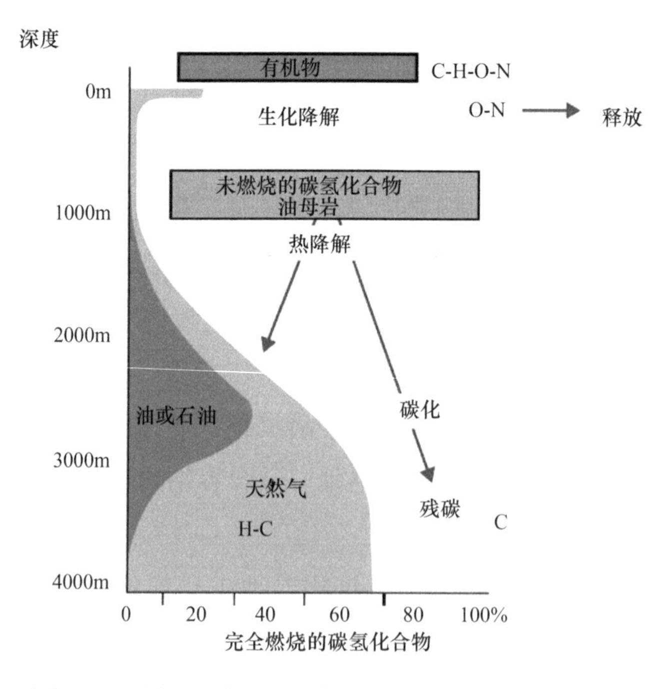

图 15　石油和天然气的形成与埋藏深度和地热梯度的关系

在2000米深处，油母质部分转化为油（石油）和天然气。

在2000—3000米之间，产出的石油更多；在2500米处，天然气产量增加。然而，深度达到3500米开始不再产出石油，天然气产量则继续增加。

在4000米以上，由于地热梯度，即温度随深度增加，出现高温，石油和天然气被分解变质。

以上内容均表明，在足够的深度、温度和压力条件下，可以实现油气生产的最大化。这就是为什么石油公司使用某些特定表达，如油窗或气窗，来形容石油或天然气形成的深度区间。

然而，勘探区域的不同，碳氢化合物的形成条件可能有所不同。

事实上，一些地区的岩浆活动可能非常活跃，从而以特殊的方式提高底土的温度，降低了碳氢化合物成熟的深度。在这种情况下，油以液滴的形式浸渍其母岩（石灰岩、沙子、砂岩等）。

随着水在岩石或裂缝（断层等）中的流动，母岩中含有的石油会迁移到储集岩中不断累积，这就是迁移（图16）。

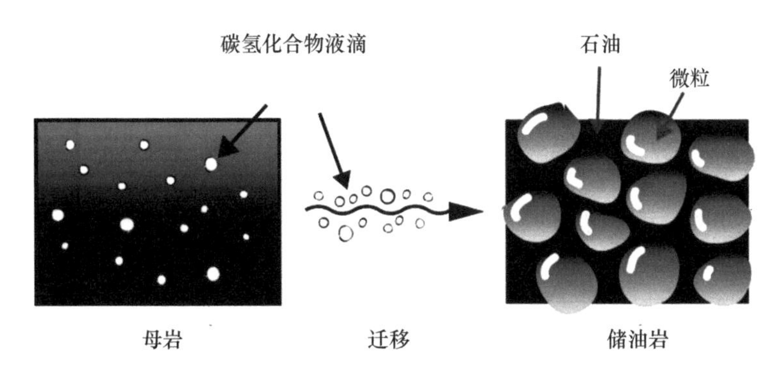

图16 碳氢化合物从母岩向储集岩的迁移

对于石油巨头来说，在母岩中形成的石油迁移到储集岩中并不是它们的目的。相反，石油必须被储存在矿脉断裂缝、地辟（盐穹侵入）或地质褶皱中，并有交替的渗透层和非渗透层将储层密封。这阻碍了碳氢化合物的迁移，它们将不断积聚并产生石油或天然气矿床。这个过程称作捕获。

您可能听说过渗透现象，它清楚地描述了捕获的过程。如果您没有听说过，那您应该知道这是一个生理学原理，即在被半透膜隔开的两种不同浓度的溶液中，低浓度溶液总是会向高浓度溶液迁移。在大部分情况下，这种现象几乎适用于所有自然科学领域，特别是石油地质学。

事实上，以石油和天然气为代表的流体将从高压处移至低压处，以上升至地表。因此，它们积聚在储集岩的上部，被黏土等不可渗透层或矿脉断裂缝和其他地质条件阻隔。

由于来自母岩的液体是水、石油和天然气的混合物，这三种成分因密度不同会自然分离。密度较小的会浮在密度较大的上层。根据这一物理原理，气体（密度：0.6）将在油（密度：0.8）之上，最后是水（密度：1）。这就是碳氢化合物矿层的形成过程。

然而，有时覆盖岩（黏土等），也称屏障岩，没有足够的防渗能力来防止碳氢化合物上升到地表，这导致碳氢化合物向地表泄漏，称作碳氢化合物渗漏。

一旦到达地表，这些碳氢化合物就会变得干燥和凝固成沥青。这个现象在加拿大著名的沥青砂矿尤为明显。科特迪瓦东南部的情况也是如此，在距离阿迪阿凯镇 26 千米的埃本达地区发现了沥青砂的痕迹。

根据地质区域和有机物的成熟条件，一些矿床或多或少都会含有大量的天然气或优质石油。非洲大陆的石油，特别是几内亚湾的石油，被认为是高品质石油。它甚至与布伦特石油相提并论，布伦特是在北海的挪威海域开采的优质石油。

油砂和油页岩一样，含有 4%—50% 的沥青，世界上的一些国家会开采这种矿物。然而，它们仍然是非传统的碳氢化合物，因为它对环境造成附带损害，所以并不提倡开采。

事实上，根据生态学家和环保主义者的说法，它们的提取需要使用的工艺或多或少对环境有害。他们认为，提取岩石中的碳氢化合物需要大量能源，这不可避免地对环境产生相当大的影响。

因此，我们是否应该以环境为代价来开发这些对我们的社会至关重要的能源资源，而不是给子孙后代留下一个美好的生活环境？

这就是几个政府试图在解决的问题，同时它们又希望能够不伤害密切关注碳氢化合物领域的环保人士的自尊心和信念。

这是一个切实的、具有普遍意义的议题，确切地说，对各国都具有战略意义。这也是在政治、经济和社会层面，围绕是否开采石油和页岩气的问题存在如此多争议的原因之一。后者需要使用大型水力压裂这一钻孔技术，法语称作“fracturation hydraulique”，英语称作“fracking”或“massive hydraulic fracturing”（MHF）。

这一过程包括在高压下向不同深度的井（有时页岩气的深度可达4千米）中注入流体（水、泥浆等），使浸有碳氢化合物的渗透性差的母岩破裂。这种液体的连续注入将使岩石的断裂增多，提高其大孔隙率，从而使碳氢化合物更容易通过特定通道上升。

环保组织认为，除了与页岩油气开发有关的环境问题外，水力压裂过程中模拟的微震可能引发地震。他们认为，水力压裂法引发了数次大地震，因此反对这种碳氢化合物开采方法。

此外，投入的精力和开发能源花费的大量资金导致每桶石油的成本很高，泵的价格也很高，消费者和民间社会对此的态度并不积极。

允许页岩油气开采的美国也遇到了这些问题。

事实上，数家石油公司将从银行借来的大量资金投入其运营。然而，随着近来石油成本的下降，投资不再有利可图。这势必会导致一场严重的全球经济危机突然爆发，原本对未来寄予厚望的美国和西方公司纷纷破产。

今天，非洲是石油生产的重要枢纽之一。在全球对石油和天然气的需求连年增长的同时，储量和新油田的发现却在减少，但是撒哈拉以南和北非地区拥有巨大的石油潜力，石油矿藏的产量预计至少可维持40年。

事实上，近年来非洲国家正在加入石油生产国的封闭俱乐部。在西非，除尼日利亚外，加纳也加入了非洲产油大国的小圈子。

2010年，随着朱比利油田的启动，加纳的石油产量达到每天85000桶，储量估计为20亿桶。

尼日尔现在业已加入其中。除了丰厚的铀资源外，这个国家在2012年开始开采阿加德姆油田。这要归功于两个特许权持有者，即中油国际尼日尔上游项目公司和中国石油天然气勘探开发公司的专业知识。该矿藏的日产量为2万桶石油，相当于年产100万吨。

阿加德姆是尼日尔东北部撒哈拉沙漠中的一个城镇，距首都尼亚美市约1400千米。这个石油区块估计有7.44亿桶石油和超过160亿立方米的天然气储量。

2015年，继尼日尔之后，美国科斯摩斯能源公司声称在塞内加尔发现了石油，这归功于位于C8区块上的Tortue-1井。这将是在西非深海发现的最大油气田，位于塞内加尔和毛里塔尼亚的共有领海内4630米深处。该矿藏的潜力与尼日利亚的石油储备旗鼓相当，它从卡亚尔一直延伸到毛里塔尼亚边境的圣路易。据石油公司估计，其体积达150亿立方英尺。据科斯摩斯能源公司总裁安德鲁·英格利斯先生说，地震成像显示出一个面积可能超过90平方公里的矿床，钻井已经穿过了107米的碳氢化合物。巨大的石油潜力给石油公司和两个相关国家当局带来了希望。

2016年，科斯摩斯能源公司与塞内加尔石油公司（Petrosen）

和毛里塔尼亚石油化工公司（Smhpm）签署了一份协议，以期达成良好合作。因此，两国将平分该矿藏开采的收入，以实现利润公平分配。美国科斯摩斯能源公司和雪佛龙公司分别持有 C8 区块 60% 和 30% 的股份。

在东非，坦桑尼亚和莫桑比克发现了大型天然气矿藏。首个矿藏发现于 2012 年，其深度超过 2 公里，储量约为 10 亿桶石油、1150 亿—1700 亿立方米的天然气。2014 年 6 月发现了第二个矿藏，约藏有 465 亿立方米的天然气。挪威国家石油公司和美国埃克森美孚公司于印度洋坦桑尼亚南部海岸外的罗武马油田发现了这些宝藏。

罗武马油田位于坦桑尼亚和莫桑比克领海内，因此两国共同开采。

2016 年 3 月 28 日，总部位于迪拜的 Dodsal 碳氢能源公司宣布在鲁伏盆地和姆布尤地区发现了天然气矿藏，体积估计分别为 27 亿和 59 亿立方英尺，坦桑尼亚的总储量因此可达到 570 亿立方英尺。

鲁伏盆地位于该国最大城市达累斯萨拉姆以西 50 公里处。

由于它们共享石油矿藏，坦桑尼亚和莫桑比克在石油勘探方面的命运也紧密相连。2012 年，著名的安永咨询公司将东非称为世界的下一个天然气中心，莫桑比克和坦桑尼亚新的碳氢化合物黄金国。两国的几位外交官和政治人士也都发表了类似声明。

这些发现为非洲的这一地区带来了巨大希望。

首先，它们为该地区的天然气生产注入了新活力，使非洲大陆的生产地区多样化，因为在此之前，西非生产的天然气占非洲总产量的 32%。

其次，这些发现促进了非洲的天然气生产，开辟了新的前景，特别是在向中东、中国、欧洲和美国等主要消费地出口液化天然气方面。显然，这一领域占据一定的市场份额。2010年，尼日利亚和赤道几内亚分别出口了3930万和828万立方米的液化气。

随着新的天然气矿藏出现和出口新趋势的发展，非洲各生产国更应为自己配备炼油厂和石油产品加工平台，以提高竞争力并供给其他大陆。

科特迪瓦数年来在西非发挥着这样的作用。贝宁也加入了这个行列。在东非，乌干达担任着这一角色，它是南苏丹、卢旺达、布隆迪等国向其他大陆出口的中介国。

根据这些统计数据，东非的石油和天然气潜力不可忽视。

自2012年以来，乌干达已经开采阿尔伯特湖的石油，该矿藏发现于2006年。

事实上，在2012年，非洲在全球石油生产中的份额估计为12%，即日产大约1200万桶，其储量在1980年至2010年间有所增加，从534亿桶增加到1321亿桶。这些惊人的数字仅仅是已知的储量，不包括非洲大陆的未开发地区。也就是说，这些统计数据不涵盖未发现或尚未开采的矿藏。

对此我持乐观的看法。考虑到非洲大陆的优势和地质条件，其石油潜力必定令我们大吃一惊。在下面的段落中，我将详细探讨这一点。这正是近年来我们一直看到跨国石油公司（道达尔、埃尼、英国石油、壳牌等）和独立公司（加拿大自然资源公司、阿纳达科、图洛石油、阿夫伦能源、科斯莫斯能源、科夫能源等）源源不断地进入非洲地区的原因，而在过去这片大陆一直被忽视。事实上，石油公司已经看到了非洲的石油潜力。它们明白，在石油供应领域，世界的未来掌握在非洲人的手中。

因此，从几内亚到加纳的1800公里海岸线上，许多沉积盆地的勘探项目正在开展，这占据了几内亚湾很大一部分。此外，还有北非的沉积盆地、萨赫勒国家的大陆内盆地、多年来被低估的东非盆地，以及围绕着马达加斯加和周边岛屿的印度洋盆地。

说回沉积岩，必须指出的是，沉积岩，尤其是生化岩和残余岩，对石油和天然气的形成具有战略性意义。

生物化学岩起源于微生物合成矿物（贝壳、甲壳、骨骼）的积累。造礁有机物建造的珊瑚礁也属于这一类。由于难以确定生物体和化学反应在其生产中的作用，这种沉积岩被称为生物化学岩。最著名的例子是白垩和石灰岩。石灰岩是石油的母岩或储集岩，因为它的孔隙率和发达的缝隙网有利于碳氢化合物的迁移。

与陆源碎屑凝灰岩一样，残余岩形成于原有的岩石变质后，这些岩石溶解后失去了复合元素，同时获得了其他矿物。比如，铝土矿，一种典型的铝矿石。

根据其矿物组成，沉积岩可分为几类：硅质岩、碳酸盐岩、黏土岩、蒸发岩、碳质岩、磷酸盐岩和铁质岩。它们都是重要的碳氢化合物矿藏。

硅质岩主要由二氧化硅（SiO_2）组成。它们或是由过度饱和引起的沉淀形成，或是由生物（放射虫、硅藻、多孔虫等）引起的生物沉淀形成，或是由现存的岩石瓦解形成。岩石瓦解会形成砂岩，它含有大量的孔隙，因此是优质的碳氢化合物储集岩。

碳酸盐岩中含有至少50%的碳酸盐。石灰岩和白云岩就是优质的碳氢化合物储集岩。

黏土岩是一种细颗粒沉积岩，含有至少50%的黏土质矿物，比如云母、长石、绿泥石和蒙脱石，它们都具有片状结构，因此属于页硅酸盐类矿物。它们的片状结构最大限度地减少了黏土质岩石的孔隙，导致了它们的非渗透性。因此，它们在地下水资源和碳氢化合物储层中发挥着至关重要的作用，即作为屏障防止流体的迁移和流动。

盐岩或蒸发岩是指由矿物盐组成的沉积岩，是一种以盐为基础的岩石，比如可食用的食盐、石膏和硬石膏。后两者是医用石膏的主要成分。当蒸发岩受到高压时，它们会形成盐丘，作为碳氢化合物的储集岩。

碳质岩是沉积岩，主要元素是碳。富含碳元素的矿物有石油、煤炭和天然气。

磷酸盐岩是含有磷酸盐的沉积岩，比如喀斯特。根据不同环境，它们可以作为水和碳氢化合物的储集岩。

铁质岩是由大量的铁矿物组成的沉积岩，如赤铁矿、磁铁矿和褐铁矿。大多数铁矿石来自这些岩石。

（二）石油和天然气形成于何处

石油和天然气的形成并非偶然。它们存在于地表的优先区域和特定环境中。这解释了为什么并不是所有国家都有石油和天然气，以及为什么世界上一些地区拥有更多的油田。

沉积盆地是指有利于有机物成熟、适合碳氢化合物沉积的地质区域。

沉积物在这些地方大量沉淀、积累并封闭起来，随后在压力和温度的作用下，历时数年转变为石油或天然气。

1. 沉积盆地：石油和天然气的真正容器？

提到沉积岩，就必须说到可能含有碳氢化合物和矿物的不同类型的沉积盆地。

沉积盆地是沉积物的堆积地。这意味着海洋和大陆环境中均会有这样的沉积空间，它是由于盆地底部的下沉或塌陷（地质学家称之为沉降），或由海平面的上升（海浸）而形成的。

因此，根据引起沉降的机制不同，可分为两种类型的盆地，即与辐散区相关的盆地和与辐合区相关的盆地。

（1）与辐散区相关的盆地：以索马里、苏丹、加纳、科特迪瓦、红海和亚丁湾的沉积盆地为例与地质板块的辐散区相关的盆地大家族由大陆裂谷、海洋裂谷和被动型大陆边缘或海洋盆地组成。

大陆裂谷是因地壳伸展而形成的沉积盆地。它们往往伴随着火山活动。

大陆裂谷通常说明了一个分裂阶段的开始，这个阶段后来可能演变成海洋化。著名的东非大裂谷就是这种情况，它会影响几个国家，即吉布提、埃塞俄比亚、厄立特里亚、肯尼亚、索马里和坦桑尼亚。由于这条裂谷的存在，这些国家成了真正的矿产资源聚集地。

东非大裂谷是一个战略地区。它位于几个国家的交界处，还与亚丁湾和红海相连，形成阿法尔三角区。阿法尔三角区附近的海湾国家具有巨大石油潜力，并且是世界上主要的石油生产国。当我们知道了这一点，就不难理解为什么这个地区如此吸引石油公司和地缘政治家的注意。

举一个具体的例子，在坦桑尼亚的裂谷中发现了一个特殊的氦矿床。除了这个相当罕见的氦矿外，还有索马里和苏丹的油田。不幸的是，几十年来，这两个国家每天都在遭受无休无止的战争和袭击，沦为其丰富资源的直接受害者。事实上，苏丹和索马里在非洲产油国中排名靠前。

正是因为它的石油财富，曾经的统一国家苏丹不得不分裂为北苏丹和南苏丹。然而，这两个新国家知道，它们相互依存，命运息息相关。因此，它们的命运在经济、政治、社会、基础设施、安全，甚至所有方面都有联系。

事实上，我之所以这样说，是因为苏丹的地缘经济结构是非典型的。戏剧性的是，大部分石油矿藏位于北苏丹，而加工这些石油的炼油厂位于南苏丹。除此之外，还有从四面八方贯穿两个苏丹国的石油管道和天然气管道，以供应碳氢化合物。这说明南苏丹和北苏丹相互依存。

但是，这种将两个苏丹分开的想法从何而来呢？这种想法只会徒增那些渴望生活在和平团结的社会中，同时可以从其地底财富中获益的人民的痛苦。这是广大读者，特别是非洲人民，必须通过阅读这本书回答的难题。

至于索马里，每年它都出现在西方和国际媒体的人道主义新闻中，因为这里饥荒频频出现。

在21世纪，索马里的儿童仍然面临营养不良问题，那里经常因干旱而遭遇饥荒，但最重要的原因是贫困，因为它不是世界上唯一一个苦于干旱气候的国家。联合国及其各机构向索马里空投和陆运了一袋袋的食品，以帮助其度过灾难或人道主义紧急情况。唉！索马里政府对这些问题感到无能为力。但正是由于这些人道主义援助，孩子们得以免于在母亲的怀抱中挨饿，然而他们的母亲也因缺乏水和食物而挨饿虚弱。

除了人道主义方面的悲剧外，“圣战”组织也在激增，比如，“chebabs”（阿拉伯语，意为青年）以及其他武装宗教组织。自1991年以来，该组织不断发动汽车炸弹袭击和不合时宜的军事行动，让这些居民本就艰难的日常生活变得更加黑暗。

因此，索马里政府没有将其少数财政资源用于为人民提供基础生活必需品，而是用来武装自己和恐怖组织对抗，似乎对于非洲来说战争比经济社会发展更重要。然而，索马里是一个石油储备非常丰富的国家，若能妥善利用油田收入，则可以实现自给自足。不幸的是，情况并非如此。多么矛盾啊！

事实上，给索马里和苏丹的稳定带来真正挑战的是石油资源的控制。所有地缘政治家和地缘战略家都非常清楚这一点。我在德尼·狄德罗大学（巴黎七大）巴黎地球物理研究所的地震学实验室学习期间对东非大裂谷进行了研究，可以确切地说，这部分非洲大陆拥有丰富的碳氢化合物和矿产资源。世界上最强大的国家的重要军事基地建立于此并非偶然。

海洋裂谷是被海水入侵的大陆裂谷，因此容易累积沉积物，并形成沉积盆地。例如，红海的海洋裂谷，包括埃及、苏丹和厄立特里亚的沉积盆地；以及亚丁湾海洋裂谷，包括吉布提和索马里盆地。所有这些盆地都以其石油潜力而闻名。

在您看来，为什么油轮经常在著名的石油航线上，也就是在亚丁湾或红海上，遭遇索马里或苏丹海盗的袭击？为什么离埃及不远的西奈半岛会成为“伊斯兰国”（Daesh）和埃及之间不断发生冲突的地方？后者不得不购买一艘军用潜艇和法国战机以加强军事力量。

这正是因为要控制这些对世界具有战略意义的沉积盆地，它们蕴藏着丰富的石油和天然气。要知道，在经济和地缘政治领域，若您不能吸引他人的注意力，自然不会有人关注您。

如果非洲的这一地区及其沉积盆地没有碳氢化合物矿藏，自然没有人会对其感兴趣。

非洲必须明白，它之所以成为焦点，是因为它拥有巨大的经济和地缘政治潜力，其地下隐藏着大量的矿产资源。

被动型大陆边缘或大洋盆地是大陆裂谷演化的最高阶段，具有半地堑式结构和大洋地壳，大量的陆地和海洋沉积物在上面堆积，形成盆地。

大西洋中大多数具有高石油潜力的沉积盆地，特别是西非和中非沿海的沉积盆地，都是被动型大陆边缘，它们拥有发达的海洋盆地用于石油和天然气生产。

（2）与辐合区有关的盆地：以阿尔及利亚和利比亚的沉积盆地为例

与板块辐合区有关的盆地有海沟、弧后盆地或边缘盆地、弧前盆地或前陆盆地。

海沟是出现在俯冲区的深海洼地。其特点是拥有混浊的深水矿床，主要位于非洲北部。这些盆地是亚欧板块（欧洲）或阿尔卑斯板块与非洲板块（地中海）碰撞、挤压的结果。

在非洲对世界的石油贡献方面，北非的贡献不可忽视。北非是非洲的主要产油区，远远领先于撒哈拉以南非洲。

当人们想到阿尔及利亚、利比亚、突尼斯，甚至摩洛哥和埃及的石油潜力时，就不难理解为什么非洲这一地区经历了一段著名时期——“阿拉伯之春”。

直至今日，正是这种地缘政治序列使利比亚陷入了一个不稳定的局面，许多武装团体出现后，政府已经名存实亡。谁会从这种混乱中受益？利比亚人过去不是比在西式民主政权下生活得更好吗？我们可以停下来比较一下当时和现在的利比亚政权。旧政权的政府每月从油气收入中抽取一部分用作人民的社会援助，以资助其项目和满足日常需要。对此，我们不禁懊悔地感叹：

> 对于这个经济曾经繁荣的美丽国度来说，这是多么浪费啊！

不幸的是，今天，利比亚的动荡造成了灾难性的、几乎不可逆转的后果。利比亚的地缘政治动荡带来的主要后果之一是，该国沦为各种非法交易的场所。该地区已经无法无天，许多武装匪徒和基地、“伊斯兰国”等恐怖组织的军阀驻扎于此。

此外，在利比亚策划的一系列可怕的地缘战略动乱，使这个伟大的非洲国家变成了那些无所事事的贫困非洲青年通往西方乐园的新通道。今天，利比亚是年轻、勇敢的非洲人前往西方世界的起点。他们乘风破浪，冒着生命危险，希望在欧洲收获更光明的未来。他们之所以冒着所有这些风险，是因为非洲领导人的管理不善，还因为自20世纪60年代独立以来，非洲大陆冲突不断，使年轻人丧失希望。

今天，利比亚已被完全摧毁。在这个国家，一切都必须重建。直到现在，利比亚人才意识到他们犯了一个大错，他们与那些想要扰乱国家治理的野心家合作，这些野心家一心想要更好地控制其能源资源，特别是其大型油气田。

在即将出版的书中，我将花费笔墨详述利比亚的石油资源，以向诸位读者展示这个国家是多么天真，它放弃了稳定与和平，然而没有稳定与和平就没有发展。幸运的是，利比亚遭遇的不幸让一些非洲产油国清醒起来，它们现在正在避免不必要的冲突，且越来越多地关注自身发展，同时维护本国的和平与安全。因此，希望的曙光仍然存在。

事实上，尽管发生了所有这些事件，但很明显，在过去五年左右的时间里，非洲的政变已经越来越少，非洲人民的心态也在发生变化。这些新的事实是一种预警信号，甚至可以说是新希望到来的预兆。正是基于这些的事实，我对非洲发展持有坚定的信念。鉴于这些新的数据，我相信非洲定会成为未来之大陆。它是世界不可忽视的一部分，新兴国家的议会必须考虑到这一点。这一天会很快到来，非洲大陆正在摒弃军事政变这一非法且不稳定的捷径，转而寻求民主与权利。非洲正走在发展的漫漫长路上，这条路虽危险，但可靠。这是非洲必须付出的代价，也是非洲实现崛起和真正的经济独立，为其人民带来欢乐的必经之路之一。

弧后盆地或边缘盆地是两个板块因俯冲作用汇合后，位于火山弧后面且平行于火山弧的海洋洼地延伸和开放而成的。当盆地被沉积物填满，它就成为一个边海。

在欧洲西部与非洲东部交叠，两者碰撞后形成了地中海。这个碰撞还形成了阿尔卑斯山脉。今天，说到地中海，就不可能不提它拥有的高石油潜力的沉积盆地。阿尔及利亚、突尼斯、利比亚、摩洛哥甚至埃及的近海盆地也是如此。

阅读至此，您现在应该能够理解，非洲大陆的自然条件，即所有的地质优势，足以使其成为矿产资源的生产中心。这有助于工业的正常运作和世界人民生活的繁荣发展。

以上仅仅是对非洲地质优势的概述。非洲不乏矿产资源，足以支撑其经济社会快速发展。对于一个因极端贫困而受到诋毁的所谓第三世界大陆来说，这是一种特权。然而，非洲缺少正派的领导人，这些领导人应该有能力巩固和平，将所有社会项目组织起来，为推动发展做出具体行动。因此，非洲必须朝这个方向努力，加强领导人的素质和技能。

弧前或前陆盆地是在两个板块之间的大陆碰撞带来的俯冲作用下形成的。这种碰撞导致上层大陆板块的厚度增加，同时由于山脉侵蚀带来的大量沉积物形成凹陷的盆地。这种盆地常见于地中海的欧洲海岸。

（3）与滑动区有关的盆地：以科特迪瓦、加纳、多哥、贝宁和尼日利亚的沉积盆地为例

与大陆板块滑动区域有关的盆地是大陆板块沿着转换断层滑动，走滑断层的方向变化后形成的。这种类型的典型案例存在于西非的海岸，这些海岸的大陆边缘受到转换断层的影响。例如，科特迪瓦—加纳盆地就受到罗曼什和圣保罗转换断层的控制。罗曼什断裂带向其洋底延伸同样影响着多哥、贝宁和尼日利亚盆地。从能源的角度来看，这种类型的盆地存在于某个特定的地点是具有战略意义的，因为拥有这种盆地的非洲国家同时也是重要的石油生产国。

现有的地质学、地球物理学和卫星图像均可证明转换断层对西非沉积盆地有影响。这说明这项科学研究有必要设定一系列的学

科，因为如果开始的假设是正确的，经过研究之后就应该得出相应的结论。正因如此，整个地球科学界一致认为，就矿物储备而言，非洲是上天赐予世界的礼物。

非洲是一个矿产资源的仓库。我写作此书花费的所有努力，都是为了通过非洲大陆各个矿藏的实例证明这一点。我不断提及那些真实反映非洲生产国矿产和石油储量及产量的统计数据，也是为了佐证这一点。

至此，您可能已经意识到，任何一个非洲国家都拥有矿产资源。

非洲不断发现新的石油和矿藏。这让人们觉得，这块大陆的未知矿藏比已知的矿藏还要多。想要证明这一点并不难。

我着手撰写此书，是想为非洲的采矿潜力正名，让世界看到其地质和经济优势。我肩负着这一崇高的使命，是为了让那些对非洲的富饶有所怀疑的人相信，非洲可以带来福音。奇怪的是，多年来世界上知名的分析员和经济学家口中的非洲与上述情况正好相反。

曾经有一段时间，没有人想在非洲定居，以发展工业和经济，因为这片大陆常有噩耗传来，比如饥荒、大量的武装叛乱、连续不断的战争。今天，所有这些不稳定因素和不利的商业环境正在消失。同时，各政党及其积极分子已经明白，在投票中胜出是获得国家权力的最佳途径，也就是要开展选举且尊重民主。

因此，面对所有这些积极的变化，非洲必须有自己的基准，以确保未来的经济活动取得成果。西方国家的跨国公司和地缘政治专家发现并分析了所有这些积极改变，开始鼓励其政府开展更多有利于非洲的行动。正是在观察和分析了所有这些有希望的迹象之后，来自西方国家的跨国公司和地缘政治专家正在鼓励其政府采取更多有利于非洲国家的行动，以加强双方的友好关系和经济社会合作。他们认为，这样可以博得一些非洲领导人的同情，从而开拓更大的非洲市场。

（4）山间盆地：阿尔及利亚北部阿尔卑斯山盆地和中非大湖区的例子

山间盆地是两个板块碰撞后延伸而成。例如，在阿尔及利亚北部，阿尔卑斯山的泰勒阿特拉斯山脉中的契立夫盆地。在艾因·泽夫特、特利瓦奈特和瓦德·古特里尼已经发现了具有经济价值，特别是石油价值的矿藏。

山间盆地的特征是大陆侵蚀产生的沉积物。这也是一些湖泊被列入这类盆地的原因之一。非洲中部的几个湖泊盆地就是如此。

非洲的这一地区被称为大湖区，因为它的湖泊浩瀚无边，并且可能蕴藏着各种碳氢化合物和矿物。该地区的重要性不言而喻。有个比喻很贴切地说明了这一点："若非洲大湖区打了个喷嚏，整个世界，包括非洲，都会感冒。"

初读这句话时看似相当滑稽，但当人们仔细分析，就会发现它有着很深的含义。

事实上，鉴于其丰富的战略矿物原料，大湖区一直是各种族和国家间的冲突聚集地。这种局面往往给某些需要这些矿物的技术和工业公司造成供应问题。新信息和通信技术产业高度依赖某些技术金属，如钶钽铁矿石，而这些金属仅被发现于大湖区的国家。这种密切的因果联系说明了先前的比喻十分恰当。

正是因为大湖区凭借其丰富的矿产资源而闻名，地质学家将其中的刚果民主共和国称为地质丑闻国。

图洛石油公司的勘探人员在艾伯特湖盆地发现了石油矿藏，储量估计为10亿桶。该矿藏可在大约10年内每天生产10万桶石油。

艾伯特湖的长度位列非洲第七、世界第二十三。它长160公里，宽30公里，最大深度为58米，横跨刚果民主共和国和乌干达。

尽管乌干达计划在2018年开始其石油开发和商业化，但这一发现已经引起了两国之间的摩擦。在刚果民主共和国东部石油丰富的地区，冲突反复发生，导致几名平民和士兵死亡。

唉！像以往无数次一样，大湖区和非洲的机会再次转变为不幸。中非人民对此感到遗憾和失望，因为这些石油储备本该是给这两个兄弟国家带来经济增长的福音。

大湖区是非洲的一个重要的采矿盆地，因为除了艾伯特湖外，该地区的其他盆地也有丰富的战略性矿物。

2015年，英国索科石油公司在刚果民主共和国东部开展勘探活动，并发现维龙加公园内有石油存在。

维龙加公园是非洲最古老的公园，面积超过80万公顷，被联合国教科文组织列为世界文化遗产。

尽管维龙加公园受到保护，且在国际组织的压力下，刚果民主共和国暂不授予索科公司勘探许可证，但其巨大的石油储量迟早会被开采。

当时的刚果政府发言人兰伯特—孟德先生表示：

> 联合国教科文组织从未禁止我们使用我们的财富。它只是要求我们考虑到保护环境的必要性……我们将仔细考察，看看我们是否可以为了我国人民的利益而允许开采……

考虑到维龙加公园的地理位置，我们就可以理解，为什么刚果民主共和国东部，特别是北基伍省，总是发生冲突，同时也解释了为什么这个国家一直在与乌干达和卢旺达作战。

除艾伯特湖外，爱德华湖也横跨刚果民主共和国和乌干达的边界。此外，它也隶属于刚果的维龙加公园。因此，该地区被跨国采矿和石油公司关注并非偶然，它的矿物原料潜力巨大。

事实上，在大湖区裂谷进行的研究显示，该区域估计有65亿桶的油气储量和5000亿立方米的天然气储量。乌干达政府因此向道达尔和图洛石油公司等几家石油公司授予了6个特许权，其中包括占地895平方公里的Ngaji区块，它是6个授权的石油区块中最大的一块。

因此，这些都是大湖区国家的垂涎之地，因为它们拥有对其经济发展具有战略意义的矿产资源。那些需要资金维持生存和武装的团体同样关注着这块土地。

说到这里，我想起电影《血钻》中一位演员说：

> 我希望他们不会发现石油。否则我们将真正处于危险之中。

这段话在今天仍有现实意义。不幸的是，尽管他们已经意识到矿产资源的发现与社会经济冲突之间存在联系，非洲人仍以同样的方式落入同样的陷阱。这些诱惑不过是为了煽动战争，挑起政治、部落、种族和宗教分裂，而冲突会造成许多人伤亡，城市重建也会耗费多年。然而，与此同时，世界其他大洲却稳步发展，因为稳定与和平是发展与繁荣的必要条件。

根据刚果企业联合会（FEC）2013年上半年发布的经济形势报告，刚果民主共和国2012年和2013年的石油产量虽有所下降，分别为854.5万桶和853.1万桶，但这对其经济来说依旧不可忽视。然而，石油收入带来的影响在当地并不大，尽管其矿产潜力巨大，刚果仍是世上最贫穷的国家之一。如果只考虑其地下财富，刚果民主共和国应该是世界上最富有的国家之一，但可惜的是，这并不现实。事实恰恰相反，刚果人民还在因为种族、宗教和财政问题而互相残杀，而一些人却默默享用着从他们的地下开采出的珍贵矿物。

例如，北基伍省的戈马和贝尼领略了因矿物原料开采引发的部落间和国家间战争的残酷。事实上，这两个城镇地理位置靠近维龙加公园。这表明，它们每天遭受的战争打击并非偶然。这些城镇和维龙加公园、爱德华湖一样，蕴含丰富的矿物质。

《非洲青年报》2016年5月16日的报道称，5个月内，贝尼镇有100多人死亡，在卢贝罗，特别是在贝尼镇，两年内有1100多人被杀。令人惊讶的是，尽管有刚果武装部队（FARDC）和联合国驻刚果维和部队（MONUSCO）驻扎，这些城镇还是伤亡惨重。实际情况是，外国武装团体和当地军队控制了整个地区。

事实上，由于该地区的重要性和经济利害，要查明所有在北基伍省趁乱获利的人并不容易。这些武装团体在此精心策划了大量的混乱。不幸的是，孕妇被开膛破肚、强奸，婴儿被残害，这些非人道的暴行令人发指。所有这些黑暗的悲剧之所以不断发生，是因为地缘政治冲突的真正输家就是远离城市、生活在村庄里的贫困刚果人民，也就是说，他们距离决策中心数千公里。他们是战争最直接的受害者，承受着身体和心理的双重打击。所以从本书开始，我就反复强调，非洲人民是时候清醒起来了，应该把国家的利益放在不合时宜的、无用的争吵之前。

事实上，反反复复的冲突并没有给非洲带来进步，相反，它使非洲完全陷入了贫困，剥夺了子孙后代的希望。除非人们立即意识到这一点，否则未来的非洲年轻人将被迫背负债务和冲突。

若要推动孩子走上正确的命运道路，最好方法是创造适当的条件并提供必要手段，为他们指引前进的方向。同样，当代人必须为后代人的福祉考虑，不要让今天的动乱影响下一代。这片富裕的大陆在弥补其不发达差距方面已经丢失了许多时间，但现在开始改变为时未晚。非洲若想要在经济和社会发展方面迎头赶上，仍有时间重新考虑并调整其发展道路。

（5）大陆内盆地：以撒哈拉、毛里塔尼亚、尼日尔、马里、乍得、阿尔及利亚和利比亚的沉积盆地为例

非构造背景下的大陆内盆地存在于大陆内部。它们足够稳定，几乎不会因地壳收缩或地幔冷却而发生沉降。这种类型盆地的沉积物起源于大陆，即湖泊或沙漠，也有海洋性沉积物，它们都没有发生褶皱作用。

因此，非洲撒哈拉沙漠中发现的所有沉积盆地都是大陆内盆地。

比如，马里、毛里塔尼亚和阿尔及利亚共有的陶德尼盆地，尼日尔和马里的尤勒门登盆地、乍得盆地，以及阿尔及利亚、突尼斯和利比亚已知的北撒哈拉盆地。除了以上提到的这些盆地之外，还有分布在埃及、利比亚、苏丹和乍得之间的努比亚盆地，位于尼日尔的贾多盆地、利比亚的穆尔祖克盆地，以及塞内加尔—毛里塔尼亚盆地。

显然，非洲大陆架内的大多数盆地是大陆内盆地，几乎所有的萨赫勒和撒哈拉国家都有大陆内盆地。不过，沉积盆地暗示了存在碳氢化合物矿藏的可能。因此，您就能够明白为什么世界上的大国和恐怖组织对萨赫勒和撒哈拉国家感兴趣。

恐怖组织实际上是被非洲沙漠地区丰富的矿产资源所吸引。今天，外交、经济界关心的问题是，谁将控制萨赫勒和撒哈拉的大陆内盆地，特别是陶德尼、塔梅斯纳或尤勒门登盆地？这就是在马里北部和东部武装团体正努力解决的难题。这些武装团体每天都与西方联盟部队作战。

事实上，很多人还不知道，塔乌德尼盆地是一个沙漠地区，其石油潜力已得到证实，但尚未开发。道达尔和埃尼等石油巨头对它的兴趣越来越浓。再加上近十年来对该地区的保护，恐怖分子、叛军以及政府武装力量一直在这片领土上发展壮大。为了将自己的行

动合理化，武装恐怖分子以宗教为借口，或放大意识形态、种族概念，以控制这一沙漠地区。同时，他们也企图征服整个马里。

我们几十年来一直认为马里是一个贫穷的国家，事实并非如此。马里除了拥有丰富的黄金矿藏外，还有巨大的石油储备。

根据一些矿业指数，马里地底可能拥有20年来最重要的矿物，也就是铌钽铁矿石，因为它对新信息和通信技术非常重要。

似乎上述矿物还不足以说明，在基达尔地区的英佛赫斯高原的研究发现了金和铀的踪迹。同样，在加奥地区的昂松戈也发现了锰的痕迹。

英佛赫斯高原是位于马里东北部和阿尔及利亚南部的山地丘陵。阿扎瓦德的图阿雷格人、伊斯兰马格里布基地组织（AQIM）的战士和“捍卫伊斯兰”（阿拉伯语中的宗教捍卫者）的士兵在这里生活、发展，发生冲突时在此避难。

马里的底土并没有将所有的矿物隐藏起来，最近马里的加拿大佩特罗玛公司在布拉克布古发现了一个巨大的天然气矿床，深度107米，距巴马科60公里，距卡蒂40公里。其主要成分是纯氢气(98.8%的氢气，2%的甲烷和氮气)。据统计，这个发现将使马里实现电力生产的自给自足，并向其邻国尼日尔、毛里塔尼亚和塞内加尔，甚至整个西非地区供电。

考虑到马里的各种采矿潜力，法国要花费如此多的精力，发动巴尔坎军事行动来阻止恐怖主义和独立势力在马里的沙漠中蔓延，许多法国士兵为此付出了生命的代价，您认为这是为什么？尽管任务艰巨，但法国在军事联盟成立前后，仍长期在战场上孤军奋战，与恐怖组织对抗，在您看来这是为什么？当然是为了在这里明确标记其领土，并向西方其他国家表明，马里仍然是对法国具有战略性意义的国家。

事实上，从短期和长期来看，法国都寄希望于马里的矿物原料以满足其能源需求，就像尼日尔几十年来的情况一样，法国独揽铀矿的开采。对于这些重要问题，法国认为它有责任保护这片沙漠，维护其地缘政治、地缘经济和地缘战略资产。

可见，马里是一个对西方国家和恐怖组织具有战略性意义的国家。

考虑到地缘政治问题以及塔乌德尼盆地、塔梅斯纳盆地、纳拉裂谷和加奥地堑的石油储备的地理位置，您就很容易理解为什么加奥、莫普提、泰萨利特、巴马科、基达尔甚至廷巴克图等城市都成为恐怖袭击的目标。它们还是一些武装团体觊觎的对象，特别是阿扎瓦德民族解放运动，它在马里、阿尔及利亚、尼日尔和毛里塔尼亚的沙漠中迅速蔓延、壮大。

根据马里石油研究局的数据，加奥、廷巴克图和基达尔附近的沉积盆地面积约为 85 万平方公里，是科特迪瓦的 2 倍多。这片广阔的土地形成了一个潜在的石油和天然气储备区，因此它不仅给马里国家和人民带来了希望，也给西方人和正在为争夺其控制权而战斗的萨赫勒和撒哈拉地区的武装团体带来了希望。因此，这一地区反复陷入紧张局面并非偶然。它并不是第一次经历这种情况。

世界上大多数已经发现或可能有战略矿产资源的国家或地区，都是经历了战争和冲突。有人称之为“石油或矿物的诅咒”。从北非到南非，从东非到西非，再到中部非洲，许多非洲国家的情况证实了这句话，它在今天仍然适用，仍有现实意义，因为人们仍以数十年不变的方式在非洲挑起矿产资源冲突。这些方法应该是与政治、社会、宗教或种族有关，但若我们仔细想想，就会发现它们实际上与经济、地缘政治和地缘战略挂钩。

当前，重要的是让大家相信并记住，非洲是一片富裕的大陆。如果非洲政治领导人能够合理使用开采矿物原料所得收入，即使有人认为这些收入不足，它也能为发展和增长助力。

因此，沉积岩与岩浆岩一样，在能源和矿产领域的经济中占据着无可非议的重要地位。事实上，除了石油和天然气，一些沉积岩是铁、金、锰、氦、钻石、铝等战略性矿物的母岩。

二　几内亚、喀麦隆和科特迪瓦的铝土矿和铝

铝土矿是一种红土沉积岩，它是由岩石变质形成的。这些红土是在炎热、潮湿的热带气候下形成的，这种气候常见于撒哈拉以南非洲。铝土矿是一种白色、红色或灰色的岩石，因其含有大量氧化铝（Al_2O_3）和氧化铁（Fe_2O_3）而闻名。它含有的铁氧化物使它呈现出红色。然而，铝土矿也是由二氧化硅和高岭土组成。

当铝土矿中的二氧化硅含量低于8%时，它是铝的母岩。若二氧化硅含量高于15%，氧化铝水合物变得不稳定，高岭土的浓度大于氧化铝浓度，这不利于铝的浓缩和形成。

1821年，法国化学家皮埃尔·贝尔蒂埃在里昂附近的罗讷河口地区的博德普罗旺斯镇发现了铝土矿，当时他正在寻找铁矿石。因此，铝土矿的名字来自这个小镇。在探矿过程中，若发现铁矿石总出现在铝土矿附近，您也无须惊讶。

铝是铝土矿的主要矿物，它是地壳中最丰富的金属，也是继氧和硅之后的第三大元素。它约占构成地球固体表面的元素质量的8%。

今天，由于它的广泛用途和丰富特性，它不同于在地下发现的其他金属，具有战略意义。

铝是一种抗腐蚀的轻质金属。这两个特性使它被用于建筑业，特别是在卡塔尔和阿拉伯联合酋长国等中东国家建造的超大型金属结构，以及世界各地的最新一代摩天大楼中。环顾四周，您会发现您的门、窗、厨房用具、冷饮罐、家用电器、镜子和家用工具都是铝制的。

今天，铝是仅次于铁的第二大常用金属，因为它具有良好的导电性和导热性，最重要的是它重量很轻，吨位较低。正是由于它出色的导电性，它常被用作电缆的主要成分，尽管它的导电性不如铜。在电子业中，铝含量为99%的纯铝可用于制造光盘（CD）和天文学中的望远镜。

今天，如果没有这种矿物，高速公路上就不会有那些豪华客车和汽车。没有铝，您就无法看到带我们飞到空中的飞机，把我们的货物从一个国家运到另一个国家的火车和卡车，因为铝是大多数运输工具车身的核心部件。

此外，铝具有非常高的可回收性，这对汽车行业和环保人士来说意义重大，因为铝的回收利用成本较低。事实上，这个过程所需的能源比从铝土矿中生产和加工铝所需的能源少95%。

没有运输工具，就没有人员流动，也就无法进行交易，这必定会导致经济危机。因此，铝在这个时代至关重要。

本书并没有列出铝的所有用途，而是简要概述了一番，让我们了解到在哪里可以找到这个对当今世界具有战略意义的珍贵金属。还有一点，世界上铝储量最大的铝土矿之一位于西非的几内亚，它是世界上最贫穷的国家之一，其政治首都是科纳克里市。

该国拥有世界上已知铝土矿储量的一半。几内亚遍地是铝土矿，目前有4个大型矿场正在开采。其中一个矿场位于桑加雷迪镇。自20世纪70年代以来，它一直由几内亚铝土矿公司（CBG）开采，该公司一方面由几内亚政府管理，另一方面由哈尔科矿业集团经营，该集团由力拓集团、加拿大铝业、美国铝业和Dadco公司组成。该矿的年产量估计为1600万吨。此外，在俄罗斯铝业集团的支持下，弗里亚和金迪亚矿场每年生产约400万吨铝土。博克矿由中国宏桥集团在博凯矿业公司（SMB）的支持下经营，旨在未来几年内将其产量从500万吨提高到1000万吨。这些数字证明了几内亚的采矿业活力。

法国、俄罗斯、中国、加拿大和阿联酋都在争取开发几内亚的战略铝土矿和重要的铁矿。在下面的段落中，我将展开讨论这个问题。

几内亚的铝矿十分充足，尽管矿物价格普遍下降，但每吨铝土矿的单价仍然很高，2014 年铝的价格高达 55 美元。

巩固几内亚的世界铝土矿生产领导者地位的另一个理由是中国铝土矿的枯竭。责任矿业联盟（AMR）主席罗曼·吉巴尔先生在 2016 年 2 月 3 日出版的《非洲青年》上解释说：

> 北京正在进口更多的铝土矿以供应其炼油厂……因此，所谓热带铝土矿的市场需求扩大，供应商主要来自几内亚、东南亚和澳大利亚……以前，大多数西方、中东和中国的大型铝业集团都有自己的矿藏。而现在更多的人开始向第三方购买。

必须指出的是，AMR 负责几内亚海岸的一个采矿项目，因此它在几内亚采矿业中消息十分灵通。此外，采矿专家对几内亚丰富的高质量铝土矿藏赞不绝口。同样，在博凯镇，阿联酋全球铝业（EGA）的副总裁，同时也是 EGA 旗下几内亚氧化铝公司（GAC）项目负责人，南非人威廉·莫雷尔发表了以下言论：

> 几内亚非常有趣：考虑到矿石的浓度、可用的数量以及低硅含量，其矿藏的质量要好得多，这导致将铝土矿转化为铝的过程更加复杂。

显然，威廉先生的话也证实了几内亚的采矿潜力。所有矿业专家一致认为，几内亚拥有巨大的铝土矿储量，它无疑是一个在全球范围内前景广阔的未来铝业国家。

但是在拥有诸多矿藏的情况下，几内亚目前的经济和社会状况如何呢?

尽管该国约50年前就开始开采铝土矿，但它仍是非洲乃至全世界最贫穷的国家之一。其底土中的铝不断给跨国公司和许多西方国家带来收益，与此同时，几内亚人民却在极端和难以描述的贫困下苦苦挣扎。这怎么可能呢?这种矛盾局面因何而起?

正如我之前所说，许多非洲人仍未意识到战略矿产资源的发现带来的地缘政治现实，这些资源对西方国家的发展是不可或缺的。遗憾的是，管理采矿所得的经济利益需要明智的领导者，他们没有把这种必要性同经济以及社会问题联系起来。非洲人也必须对这三点进行反思，然后再转向其他方面，最终推动其发展。

战略矿物原材料带来了大量财政收入，如果非洲要利用这些资源获得发展，就需要对其进行妥善管理。非洲需要诚实且公正的领导人，他们应把国家的最高利益和人民的福祉放在首位。

我仍然相信，非洲大陆可以为发展采取很多行动，因为几十年来，跨国公司一直在开采其矿产资源，非洲因此获得了一些特许权使用费。如果非洲各生产国能够有效整改并管理财政，就有可能实现目标。

很多时候，非洲人倾向于将他们的发展错误行为归咎于他人，也就是西方国家，而他们的领导人在管理矿产收入方面并不是无可指摘的。在将错误和失败的矛头指向他人之前，非洲必须确保其领导人履行了作为被选举或者被国家机构任命的责任。

正是因为这些原则没有一直被尊重，许多非洲国家尽管已经开采矿产多年，但社会和经济基础设施的发展仍然远远落后。几内亚和大多数非洲产矿国的情况就是如此。

因此，非洲人是时候集体转变心态，采取新的公共事务管理方式了。只有这样，我们才可以建立起一个目标坚定、不屈不挠的非洲，并将其留给子孙后代。

许多其他非洲国家在铝土矿生产方面也有很好的前景，比如喀麦隆。在阿达马瓦地区，特别是在恩贡达尔和米尼姆玛塔普，已经发现了铝土矿。

美国水利矿业公司自2005年以来一直持有这两个矿的勘探许可证。2009年8月，它将其部分转让给喀麦隆氧化铝有限公司(CAL)。因此，它们分别持有这两个矿90%和10%的股份。根据喀麦隆氧化铝有限公司（CAL）的勘探结果，这些矿床的总铝土矿储量估计为5.54亿吨，可开采的有4.58亿吨。

此外，喀麦隆氧化铝有限公司发现了额外的矿藏，其吨位在1亿至2亿吨之间，使原本就已经相当丰富的矿藏如虎添翼。总的来说，这些数据将使喀麦隆氧化铝有限公司及其关联公司的年产量达到150万吨，喀麦隆将成为非洲最大的铝土矿生产国。需要指出的是，几内亚目前的铝土矿年产量估计为70万吨。喀麦隆政府估计，凭借其所有充足的储量，其铝土矿潜力将位于世界第五，这将巩固非洲在世界主要铝供应商的地位。

2016年5月，科特迪瓦的非洲泻湖开发公司（LEA）宣布，经过4年的勘探，它发现了一个储量巨大的铝土矿床。该矿床位于科特迪瓦东部的邦古阿努地区。根据安永事务所的研究，在运营的第一年，它可以生产31.5万吨精炼铝土矿，品位为80%。总之，科特迪瓦政府授予LEA公司第303号研究许可证后，已经确定了7个矿藏：Bénéné 1号和2号、Elizoué、Agbossou、N'Guinou以及Afféré 1号和2号。例如，Bénéné高原的矿藏储量估计为1800万吨，铝品位为45%。

当然，非洲铝土矿储量尚未完全确定，但这再次清楚地表明了这个大陆巨大的矿产资源潜力。这进一步证明，非洲不应是世界各地媒体描绘的极端贫困的苦难形象，它应该有着更好的面貌。

所有这些统计数字和事实告诉我们：在生活中，如果您没有掌握必要的知识、正确的策略以及足够的成熟，您可以很富有，拥有大量的资产或继承大量的财富，但您无法合法地享受这些财富。非洲就是如此。它很富裕，但它不知道如何从技术层面和商业层面充分利用其丰富的矿产资源。因此，它总向西方求助，因为西方国家不仅有矿产开发的技术手段，还有财政手段。所有的工作都应该支付薪水，既然如此，西方国家必定要从中有所得。这就是为什么非洲国家依赖着西方国家。

西方和非洲之间必须开展真正的技能和技术转让。非洲人需要有所成长，接受更多培训，这是非洲崛起和发展的最安全可靠的途径之一。

西方国家有别于非洲国家，前者设定了长期的发展目标，并制定战略和计划来兑现其承诺。无论如何，它们都不会放弃既定目标。西方国家一直妥善地管理国家资源，因为它们知道，只有严谨地处理国家事务和公共财政才能应对挑战。此外，由于当今社会猖狂的腐败现象，它们不得不寻找真正廉洁的人，找到工作中的模范领导人、在其领域有影响力的人。他必须能力过硬，但首要的是，这个人应该具备正直、忠诚、善政和正义的价值观。这些价值观将帮助他们清明公正地落实他们的计划，实现他们的使命。

非洲需要长期的发展规划，但最重要的是，它需要有能力、有知识、训练有素、正直公正和有正确价值观的领导人，以将其所有矿产资源转化为真正的发展资产。

人们不应因为国家元首更迭而质疑上届政府规划的项目。非洲应该认真考虑国家连续性这一概念，这是西方繁荣国家严格遵守的一项原则。它们认识到，没有清晰准确的愿景和有书面计划的长期项目，就不会有发展。

非洲必须保证其政府行动完全由发展计划驱动，这些计划多年来一直停留在理论状态，而未付诸行动。

综观世界各地领导人的生活，可以发现，正是在追求美好愿景的过程中，产生了将之变为现实的资源与手段。在这个过程中，您与掌握着对您有益的技能的人建立联系。因此，您的目标成了您生活的主旋律以及您前进的动力。正如下面这句话所说：

您的愿景是您闭上眼睛还能看到的东西。

非洲必须超越目前的经济和社会发展状态。现在，非洲国家看到的是一片荒凉、极端贫困，它们不可能达到西方国家的发展水平，可怕的社会现状，让人看不到任何希望的曙光。但一切皆有可能，非洲绝不能悲观。

我写这本书是为了给所有非洲国家以及世上所有绝望的人带来希望。只要您生活在地球上，就不要向宿命和失败低头。

非洲人手握一片富饶的大陆，却对它不甚了解。他们对自己也没有足够的信心，尽管他们有能力，也无法应对未来的巨大发展挑战。当您想影响社会的不同领域或者一个国家时，必须拥有强大的自信。为了增强自信、自尊，您需要获取更多知识。

如今，所有曾经被称为第三世界的国家都正在崛起，它们的秘诀只有一个：向最发达的国家学习。然后，它们学习发达国家的经济管理技术、方法以及严谨的态度，最终获得预期的发展成果。

太阳底下无新事，向别人学习并不可耻。韩国、中国、巴西等国就在这样做。非洲也必须向他人和前辈学习，才能取得进步。

三　南非、加蓬、纳米比亚、博茨瓦纳和科特迪瓦的多金属结核和锰

锰是一种灰白色的金属，与铁有相似之处。由于这种物理上的相似性，它经常与铁矿石联系在一起。锰是继铁、铝和铜后第四大金属。锰的氧化物在地球表面上含量最丰富，如辉绿岩、西洛美兰和菱锰矿。

大部分的锰矿被发现于所谓的沉积共生层状矿床、沉积热液层状矿床或沉积火山中。

层状矿床，顾名思义，是指母岩以地层或沉积层形式存在的矿床。“共生的”指的是两种事物的同时、同步或共同形成，即锰矿在地层或矿床形成过程中形成，因此称作“沉积共生层状矿床”。

锰矿同样源自火山沉积物，因为它们也被发现于由火山碎屑沉积物组成的土壤中。

海底发现的多金属结核也是锰矿的母岩。多金属结核，也被称为锰结核，是海底的凝结物，呈同心结构，其核心已通过结晶转化为锰矿。多金属结核由几种金属组成，主要含有1%—50%的锰，还有少量的铁、钴、镍和铜。

锰是一种硬而脆的金属，具有易熔性。由于其特性，世界上产出的锰约90%用于制造合金，尤其是钢。它在钢铁铸造中也发挥着不可否认的作用。事实上，它可用于脱硫和脱氧，这大大改善了钢的机械性能，否则，钢将失去其工业和经济价值。

因此，钢与锰密不可分，我们不能把这两者分开讨论。通常情况下，钢含有至少14%的锰，它被用于运输部门制造火车和电车的钢轨。

由于强抗腐蚀性且无磁性，这种复合钢被广泛用于高安全性领域，比如制造监狱栏杆和门。这一应用非常合理，因为它在被锉削时往往会变得更硬。监狱里的囚犯企图越狱时常常会选择锉栏杆。

锰和铝混合可用于建造巨型建筑。锰也可与铜混合，其抗腐蚀性适用于能够抵御海水腐蚀的螺旋桨和舵。

在农业中，锰不仅是柑橘类水果和蔬菜等植物中的微量元素，还以硫酸锰（$MnSO_4$）和醋酸锰［$Mn(CH_3COO)_2$］的形式存在于肥料中。

在医学中，锰（成人每天少于3毫克）是人类生存所必需的微量元素，缺锰会导致两性生殖问题、骨骼畸形、色素减退等疾病。这就是为什么您会发现许多医药产品的化学成分有锰的存在。

这种矿物原料优点颇多，您可能要问，哪里可以找到大量的锰？没错！最大的锰矿床和最重要的锰储备在非洲大陆。

南非是目前世界上的锰行业领导者，产量约占世界总产量的26%。紧随其后的是中国（19%）、澳大利亚（16%）和加蓬（11%）。尽管2015年最新的统计数据显示，加蓬是世界第二大锰生产国，但在这个排名中，它名列第四位。除了其领先的地位，南非拥有世界上四分之一的锰储量。大部分的锰矿藏位于卡拉哈里沙漠盆地，占地约250万平方公里，横跨南非、纳米比亚和博茨瓦纳。这些国家也都是锰的间接生产国。

2010年，花旗集团估计南非锰储备总价值达25亿美元。这个数字充分说明了南非巨大的锰潜力。

锰占南非矿产出口的3.8%，考虑到其矿产资源的多样性，这个数字也不可小觑。这个非洲巨人正在与尼日利亚争夺非洲大陆第一大经济强国的位置。

今天，锰是加蓬仅次于石油的第二个财富来源。该国拥有优质矿床和惊人的锰储备。它们部分位于加蓬东南部的上奥果韦地区，比如重要的莫安达矿。它由埃赫曼集团（Erap，Elf，Imetal）的加蓬子公司奥果韦矿业公司（Comilog）经营。莫安达矿的锰储量估计为2亿吨。它们的质量上等，品位为50%，这对矿石来说非常罕见。

许多非洲国家有锰矿，比如科特迪瓦南部大拉乌镇附近的洛祖阿矿。它由中国的地质矿业公司（CGM）经营。这家矿业公司表示，其2013年的年产量为30万吨，如果他们的预测准确，在未来两年将增加到50万吨。基于这些预测，时任科特迪瓦国家矿业开发公司（Sodemi）总经理的卡乔·库亚姆先生在接受路透社采访时表示：

> 我们将与科特迪瓦的其他工厂一起，达到年产100万吨锰的水平，成为主要的锰生产商。

除此以外，该国各地还有其他锰矿，部分已经开采。特别是在科特迪瓦东北部的邦杜库地区，印度陶瑞安锰业自2008年以来一直在离斯密里密村300米的地方开采矿山。

夏伊洛锰业向科特迪瓦承诺在2017—2018年投资约1524万欧元，约100亿非洲法郎，用于开发其两个矿区。它们占地96平方公里，位于该国北部的科霍戈区和迪科杜古地区。据统计，这两个特许采矿区已探明约400万吨锰矿藏。

除上述提到的矿山外，还有位于科特迪瓦北部奥迭内省米尼昂市卡尼亚索地区的齐穆古拉矿，由陶瑞安锰业和CI S. A. 铁合金公司共同经营。

放眼整个非洲大陆，这样的锰矿比比皆是。如果以这个速度不断有新的发现，非洲将稳坐世界锰和钢的生产中心这一宝座。这意味着，钢铁业的未来将在很大程度上取决于非洲。法国和美国等大国意识到了这一点，这就是为什么它们几十年来一直像警察一样干预非洲事务，与恐怖组织斗争。它们的目的是维护非洲的稳定与和平，否则就不可能有发展或自由贸易。

事实上，非洲在安全方面也在做出改变。如果您细想过去几年发生的事件，便会发现非洲国家的政变越来越少。即使真的发生了，也会在几周或几个月内流产。这说明，一个心态已经转变、制度日益强大的新非洲已经诞生。

有人也发表了同样的看法：

没有强大的制度就没有强大的国家。

2009 年 7 月 11 日，美国总统奥巴马在对加纳进行国事访问期间，也发表了类似言论。法国《世界报》2009 年 7 月 13 日的专栏中转述了这句话：

非洲不需要强大的人，而是需要强大的制度。

这些都是言之有据的。没有强大的国家，非洲弱小的生产国就会反复经历动荡。因此，非洲必须逐步确立安全和可靠的制度。所有希望繁荣发展的大陆和国家都必须首先做到这一点。

中国是世界上最大的钢铁生产国。我从一开始就强调了锰在钢铁生产中的重要性，如果您紧跟我的描述，就能明白为什么过去20年间中国已经非常接近非洲。今天，要想了解世界各国之间以及各国内部发生的事件，首先必须看透使各国若即若离的地缘政治运动，并了解各国交流背后的深层动机。

有人认为非洲是贫穷国家的集合，非洲必须意识到发达国家接近它并非偶然。自殖民化以来，发达国家发现了非洲的矿产潜力。只有非洲人对此视而不见。2013 年 3 月 1 日，世界贸易组织（WTO）总干事帕斯卡尔·拉米先生在法国 BFM 电视台播出的节目《忏悔室》上，向法国记者让·雅克·布尔丁透露：

> 去年，也就是2012年，世界在某种程度上发生了改变，这一年将会被历史学家铭记。人类历史上第一次出现发达国家的产量低于发展中国家的情况。在未来十年，发展中国家的年增长率将在6%至6.5%之间，而发达国家的年增长率将在2%至2.5%之间……未来发展中国家产量将继续增长。他们的整体经济将超越发达国家的经济。其经济规模和经济增长将影响未来10年或20年。……中国、印度、印度尼西亚、巴西，这是第一批发展中国家。我们已经看到了它们的发展。紧随其后的第二批是10亿居民的非洲大陆。

帕斯卡尔·拉米先生说得没错，因为发达国家大多数经济部门给出的经济增长数字都接近2%。十年前，谁会相信这样的数据？您一定会说，没有人。然而，这确实是事实。如果您真正理解了帕斯卡尔·拉米先生的话，这些数字仅仅是一些补充。

在人类历史上，所谓的非洲穷国的年经济增长第一次超过了所谓的富裕发达国家。怎会发生这样的事呢？这怎么可能呢？

您不是在做梦！数据只是发生了变化。非洲在默默地成长起来。首先，这对非洲来说是一种荣誉，这里的大多数国家是刚刚独立50年的年轻国家。其次，帕斯卡尔·拉米先生表示，这对非洲是一个挑战，它只有20年的时间来实现国际组织设定的目标。

非洲人必须是首先相信非洲。他们必须认真创造经济增长以推动发展，因为发展不能依靠偶然。1854年12月7日，法国研究人员路易·巴斯特在杜埃文学院和里尔科学院的成立仪式上发表讲话，他说：

> 理论发现的唯一价值是：它唤醒了人们的希望，仅此而已。但是，您应该培养它，让它成长，您会看到它变成什么样

子……您可能会说这是个偶然，但请记住，在观察的领域，偶然并不会青睐有准备的人。

现在，非洲是时候做出长期发展预测了。在将一个项目具体化之前，人们必须首先在脑海中构思，然后以书面形式呈现。最后，人们必须收集所有可用的人力、技术和财政资源，做出详细规划。

非洲确实是一个潜力巨大的大陆。关于向非洲经济移民的统计数据也能够证明这一点。是的，没错！我说的是向非洲移民，而不是向西方国家移民。正如谢赫那·布那金·西塞先生在他的研究中所说，“继金砖国家之后，锰业大国（摩洛哥、阿尔及利亚、尼日利亚、加纳、安哥拉、纳米比亚、埃及、南非、埃塞俄比亚）开始崛起。新的非洲正在成长”。西方国家的经济移民开始对非洲感兴趣。是的，您没看错。

事实上，非洲和第三世界的年轻人仰望着发达国家，他们希望移民到那里，从而改变自己的生活条件，但反过来，这些西方国家的人也希望在非洲定居。多么矛盾啊！

今天，安哥拉凭借大量的石油和天然气矿藏成为非洲崛起的经济大国之一，超过 15 万的葡萄牙移民和超过 7 万的中国人在此从事劳动和贸易。这些移民通常是打零工，和生活在西方国家首都的低学历非洲人一样。

安哥拉不仅接纳西方经济移民，2008 年，它还向其前殖民国葡萄牙提供援助，为其注入资金，以缓解引发动荡的经济危机。安哥拉通过国家石油公司成为葡萄牙千禧银行的参考股东，该银行是葡萄牙的第一大私人银行。要知道，安哥拉国家石油公司是南部非洲的龙头企业，整个非洲大陆的第二大公司，2011 年的营业额为 330 亿美元，净利润率为 10%。

摩洛哥也在追随安哥拉的脚步，同意接收西方经济移民。根据

2013年2月22日阿拉伯文报纸《消息报》第1337号的报道，估计有35000个西班牙人在摩洛哥，他们在那里从事厨师、机械师和管家等工作。这难道不是非洲觉醒的征兆吗?

在过去十年中，法国退休人员选择在摩洛哥的地中海沿岸养老，这对欧洲国家是不利的。因此，非洲已经成为欧洲国家新的黄金国。

无论如何，以这个速度，未来几年内，给予欧洲国家准入权的“申根签证”很可能被非洲签证所取代。塞内加尔大使谢赫·蒂迪亚内·加迪奥先生就作出了这样的预测。

非洲确实在崛起。这不再是一个神话。很快，我们将不得不正视这个大陆。种种迹象表明，非洲大陆可能会崛起、壮大。它正在国际经济舞台上占据自己的位置。它曾是一个令人厌恶并被忽视的大陆，今天却受到世界上所有大国的追捧，比以往任何时候都更像那些追求美好明天的人渴望的黄金国和避风港。

四　几内亚、利比里亚、阿尔及利亚、毛里塔尼亚和科特迪瓦的铁

铁呈灰色，是人类日常生活中使用最广泛的金属，因此几个世纪以来，它有着不可否认的重要性。它是包括地球在内的大多数行星核心中最丰富的金属，也是地球上最普遍的元素，尽管氧气的总质量超越了铁。

铁占据地壳质量的5%。它和镍一同成为地心的主要元素，占地球质量的35%。

您是否听说过地磁场?没错!正是地心所含的铁和镍产生了这个著名的磁场，地磁场对地球上生物的重要性不言而喻。

由于地磁场的存在，地球物理学家才能够绘制出磁力图，以确定地球表面的矿区。这是因为金属比非金属磁性更强。在磁力图

上，我们可以看到这些差异。

正是由于磁场的作用，指南针才能指引方向，这样您才不会在森林旅行和山地远足中迷路。

磁场是自然形成的，但它也可以由电流引起，因为所有金属电缆在受到电流的影响后会立即产生磁场。

感应磁场在电信、安全和公共工程领域应用广泛。所有想要开展地下工作的公司都需要进行地下网络检测。随着地下网络检测的发展，公共工程领域正蓬勃发展。这是一项新的职业，从 2012 年开始在法国流行起来并受到监管。它需要用到地球物理学的知识，特别是材料中的磁场分布内容。

铁经常与镍、钴、锌和其他矿物联系在一起，因此它们有着共同的母岩，即硫化物、氧化物和某些碳酸盐。

在自然界中，铁矿石以纯铁或镍基合金的形式存在。因此，所有大型镍矿床同样是铁矿床。尽管如此，高品位铁矿石主要还是由铁矿场生产和供应。

世界上大约 90% 的铁矿藏发现于表层，即被称为“带状层”的高铁含量的薄矿床。

一般来说，这些带状层存在于片麻岩和片岩的结晶体与白云质灰岩（可形成海珊瑚）之间。因此，片麻岩和页岩也是铁矿的母岩。此外，世界上许多山脉和地貌也被归为铁矿。

铁受到重视不仅因为地壳含有大量铁，更因为它独特的物理和化学性质。

铁是一种不溶于水的金属，因此它可用于制造与海水接触的巨型建筑，如石油钻井平台、商业船只和军用潜艇。铁是少数能够抵抗海水日复一日的物理化学侵蚀的金属之一。

此外，铁是使人类从石器时代迈入工业革命的金属之一。提醒您一下，石器时代是史前时期，在这个时期，人们发现了火，之后利用石头和燧石设计切割工具和手工武器来狩猎。石器时代之后，铁的发现以及铁与碳、铝、钴、镍和锰混合铸成的合金推动人类活动进入了新的时代。这些铁合金用来制造工业和世界经济迫切需要的材料，比如钢铁、青铜和铸铁。它们改变了人类的生活习惯，不可避免地导致了19世纪至今的工业革命。因此，铁是这一延续至今的历史性文明变革的核心。

没有铁，就没有钢铁工具。铁是现代社会的基础。炼钢需要大量的铁，这说明铁是当今时代的工业支柱之一。

在工业革命期间，世界在1815年至1873年间经历了蒸汽机以及钢铁工业的发展，由此修筑了第一批铁路。从那时起，为了运输物资和人员，铁路数量不断增加。

如今，大多数西方城市加入了一场激烈的有轨电车装备竞赛。在城市交通领域，关于有轨电车的讨论越来越多。多年来，老式传统公交一直是我们日常生活的一部分，如今，有轨电车更受大众的青睐。

事实上，有轨电车的好处很多。最重要的一点是，它有助于环境保护。

大部分的有轨电车是电动汽车，它们不会产生温室气体，如二氧化碳（CO_2）。显然，这符合环保主义者的理念，所以铁路和有轨电车并没有过时。由于它们速度快，环境友好，现在高速列车、地铁和有轨巴士都在使用铁路和电车轨道。

很明显，要建造这些将世界各地的城市和国家连接起来的数千公里的铁路，需要足够的铁矿石。

铁合金也有着不可忽视的作用，因为这种材料具有多样性和实用性。例如，碳含量超过6%的铁合金可生产铸铁。数十年来，许多西方城市用铸铁来供应饮用水、燃气和暖气。特别提醒，欧洲城市很大一部分的地下管道仍然是由灰口铁或延性铸铁制成的，因为这种材料含有大量的铁，具有很强的耐磨性。

当今时代，您知道有哪些建筑或摩天大楼在建造时不使用铁棒来巩固地基吗？您有见过哪座桥不使用铁来加固混凝土？答案一定是否定的。铁是建筑公司和公共工程公司不可或缺的矿物。由于铁的硬度和强度，它在这些领域应用十分广泛。

除了这两个特性外，铁的可塑性很强，易回收利用。汽车和航空航天业的跨国公司看重这一点。您知道哪辆车的车身或其他部件中不含有铁吗？

从奔驰到法拉利，再到奥迪、雷诺或是福特，所有经销商都一致同意，没有铁就无法生产高质量的汽车。即使电子技术为这些品牌的声誉带来了附加值，汽车骨架的主要元素仍然是铁。所有这些都说明，如果没有铁，世界汽车工业势必崩溃。

这也说明了铁矿为何如此重要，以及为什么必须持续大量生产铁。通过开采现有的铁矿，不断发现新矿藏，最重要的是通过回收来填补可能出现的短缺，铁的持续供应才有可能实现。

当今世界是一个消费社会。随着中国、印度和巴西等新兴国家的崛起，这一趋势正在增长。过去，这些国家的人口是贫穷的，随着经济能力增强，现在迈入富裕阶层。他们可以购买各种奢侈品，包括昂贵的高端汽车。这种情况在一些第三世界国家，特别是在非洲也可以看到。在这个大陆上，中产阶级近年来努力成为富人阶层。随着购买力增长，各种滥用金融行为开始出现。所有这些经济变化不可逆转地扩大了汽车业的需求和生产，直接导致铁矿石的需求增加。但哪里可以找到大量的铁矿石呢？

非洲一直是世界上铁矿的摇篮。学生时代早期在非洲上学的读者可以证实。老师们经常重复问学生这个著名的问题：

铁最早是在哪里发现的？

包括我在内的大多数学生的回答是：

> 铁最早是在库什（现苏丹）的努比亚和埃及发现的，也就是公元前3000年发现于非洲。

这一事实至今未变，因为世界上最大的铁矿仍在非洲，其中大部分在等待开采。

尽管长期以来中国是世界铁矿生产的领导者，但中国的产量仍难以满足其自身的铁需求，因此它到别的地方寻求供应。然而，中国并不是唯一想要从海外采购铁的国家，大多数西方国家在采取这种地缘政治和地缘经济战略。例如，美国和法国，它们也加入了这一行列，以满足对铁的需求。

因此，为了获得足够的铁，所有发达国家都将目光投向了非洲大陆！

各国纷纷涌向非洲，原因不外乎是非洲拥有丰富的铁矿，许多铁矿至今尚未被开采。

这两个原因吸引了从事钢铁生产的跨国公司，加剧了西方人对非洲的好奇心，他们对非洲大陆的采矿潜力愈发感到惊奇。比如，阿尔及利亚拥有世界上最大的铁矿之一。

廷杜夫市或廷杜夫省（由省长管理）附近发现了巨型矿藏，在我的记忆中，尚未发现其他规模相近的矿。它位于阿尔及利亚的最西部，北部与摩洛哥接壤，西部与西撒哈拉接壤，南部与毛里塔尼亚接壤。这些是1952年在廷杜夫以南170公里处发现的加拉杰比莱特铁矿和迈舍里阿布拉齐兹铁矿。

这两个矿床大约占地131平方公里，海拔在400米—600米之间，储量估计超过30亿吨。它们的铁含量很高，为57.58%。

2013年，国际市场上铁的价格上涨，导致阿尔及利亚当局考虑开采这些铁矿，并委托阿尔及利亚国家钢铁公司（FERAAL）经营。

事实上，铁矿商业化预计为阿尔及利亚带来100亿—200亿美元的收入。时任阿尔及利亚矿业和能源部长的尤塞夫·尤斯菲先生也遵循了政府的这一规划，他向《论坛报》发表了这样的声明：

由于世界铁价上涨，以及每年高达15亿吨的消费量，开采铁矿是很有必要的。

阿尔及利亚需要充分关注其丰厚的矿藏，进行大量的财政投资。

开采这些矿石，需要修建公路、铁路、向基地供电、供应饮用水以及招聘合适的员工。阿尔及利亚政府估计，为此需投资约150亿美元。

阿尔及利亚国家钢铁公司（FERAAL）成立于2014年，由阿尔及利亚四家大型上市公司Sonatrach、Gica、Mana和Sidal组成，但这并不能保证它投资这样一个项目毫无风险。事实上，它的总资产为10亿第纳尔，约700万欧元。这样的资本当然不足以做出冒险的举动，因此，外国投资者以及国内金融家也提供了资金支持，作出了不可磨灭的贡献，使这个项目得以顺利进行。

阿尔及利亚不是非洲唯一的铁生产国。除了非洲第一大铁生产国南非之外，另一个不得不提的国家就是毛里塔尼亚。它已有半个多世纪的铁生产史，也就是说，自殖民时代以来，它就一直在生产铁。

铁是毛里塔尼亚的主要收入来源。约29%的国内生产总值来自采掘工业，其中铁的贡献尤为突出，创造了该国90%的收入。铁占该国出口量的53%，主要客户有中国和欧洲。这些数字表明，尽管近年来石油、黄金、白银和铜开始在其经济建设中发挥重要作用，但毛里塔尼亚的经济仍高度依赖于全球铁价的波动。

毛里塔尼亚是世界第 13 大铁生产商，2013 年产量增加了 13%，达到 1300 万吨。大量的铁矿正在并将继续为毛里塔尼亚的经济添砖加瓦。

毛里塔尼亚北部的阿斯卡夫铁矿储量估计为 3.19 亿吨。自 2011 年以来，它一直由澳大利亚西非亚矿业有限公司和毛里塔尼亚国家矿业公司（SNIM）经营。

SNIM 和西非亚矿业（瑞士斯特拉塔公司持有西非亚矿业 50.1% 的股份）正在合作推进该国北部的三个主要项目，双方平分财政收益。

其中一个项目是扩建盖尔布—埃尔—奥德矿。据其管理人员称，该项目投资 7 亿美元，可生产 400 万—700 万吨的铁。

谈到毛里塔尼亚的铁矿，就不得不提盖尔布—埃尔—莱因矿。它位于该国北部的族埃拉特地区，是这个大型采矿项目的一部分。殖民时期，毛里塔尼亚的铁矿开采就始于族埃拉特。因此，这个地区的存在归功于铁的发现。它是一个采矿综合体，年产量为 1200 万吨。这个数字表明，该地区生产了毛里塔尼亚大部分的铁。

尽管已经取得了相当大的成就，但管理该矿的 SNIM 公司（毛里塔尼亚政府持有 78.25% 的股份）并没有满足于现状，其目标更进一步。

事实上，2015 年，它在族埃拉特举办了 Guelb II 项目的正式仪式，项目内容为扩建矿山，其年产量将增加 400 万吨。在 9.25 亿美元（8.68 亿欧元）的资金支持下，这一增长可能变为现实。

族埃拉特矿床既典型又特殊。它们是磁铁矿盖尔布。盖尔布地形是一种山丘型露天铁矿，与岛山地形相似，通常以山丘形式存在于撒哈拉和毛里塔尼亚、突尼斯及西撒哈拉等地区。

尽管毛里塔尼亚在采矿业取得了好成绩，但它并没有安于现状，因为它计划在十年内成为世界五大钢铁生产国之一。为了实现这一目标，它有意提高铁的年产量。

即使这似乎是个巨大的挑战，但毛里塔尼亚意志坚定，而这正是许多非洲国家在规划未来时欠缺的。

为实现这一目标，毛里塔尼亚正在采取科学、行政、法律和财政手段。它还构想了一个名为 Nouhoudh 的计划，由 SNIM 公司起草。

Nouhoudh 计划的目标是制定战略，以发掘新矿藏，扩建现有矿山，从而在 2025 年将铁的生产量提高到 4000 万吨。

显然，为了让 Guelb II 项目顺利进行，提高盖尔布—埃尔—莱因矿的产量，SNIM 计划修建一个长 55 公里的饮用水供应网络和一条长 600 公里的铁路，连接族埃拉特与西北部的努瓦迪布港。这条铁路将承载世界上最长的火车，有 200 节车厢。

这个项目的独创性值得非洲大陆的其他国家学习，以全面发展采矿业。

西方国家在 19 世纪就修建了地下铁路。在那个时代，地面道路并不会发生交通堵塞。然而，它们预见了这种可能，因为随着城市的发展，交通堵塞迟早会发生。起初，西方国家设想了这种可能，然后开始未雨绸缪，在汽车和交通堵塞出现的一个多世纪以前，就建造了这些地下道路。

今天，我们一致认为地铁是整个西方世界的福音，它们缓解了巴黎、蒙特利尔或纽约等城市汽车过多的问题。这样的例子有很多，足以说明预测未来发展的重要性。

我们再一次以地铁为例。当需要修建新的地铁线路、改善现有线路或建造新的建筑物时，情况总是非常复杂，因为它们会在市中心引发连续数月的交通堵塞。在这种情况下，那些日常生活中必须出行的人毫不犹豫地说："还好市政府提前想到要建设地铁！"

我重申一下自己的观点，非洲国家应该学习这种预见性做法和规划习惯。世界上任何一个渴望发展的国家，都必须持续且认真地预测未来、规划未来。这些都是一个国家发展不可或缺的基本步骤。非洲也不例外。这是个不容置疑的发展原则。

要知道，原则或规则不是通过讨论得来的，而是在实际应用中得来的。如果没有实际应用，就不会得到结果。不必惊讶，如果您没有目标和计划，没有要实现的梦想，即使努力十年，也会发现自己仍在原地踏步。除非您制订一个明确的计划并付诸行动，否则您不会有所收获。这个原则不仅适用于国家，也适用于那些希望在世界舞台发掘自身潜力的人。

当您完成了一个脑海中或内心深处沉睡多年的梦想时，您会感到幸福。

如果非洲意愿坚定，就可以实现这个目标。它地下蕴藏着重要的天然矿物资源，可以克服欠发达带来的挑战。本书正是希望对非洲丰富的矿产资源做一个介绍。不过，本书的篇幅不足以完全覆盖非洲非凡的矿产潜力和矿产多样性。

非洲还拥有充足的人力资源，以实现其长期发展愿景。非洲知识分子遍布世界各地，他们的才智使富裕国家的发展持续受益。在这个大陆上，所有的非洲高管已经在充分发挥才能，在国外的各种能力建设课程的帮助下，能力不断增强，这些都充分说明了非洲人力资源的丰富。此外，这些在非洲工作的管理人员每天在遇到的困难中学习，变得越来越有经验，尽管他们可支配的资源有限。

然而，除了我刚刚提到的优势之外，非洲在发展之前必须关注且仍有改进余地的领域是，建立并遵循一个强大的政治制度，因为对制度的尊重是一个国家和平与稳定的保证，否则这个国家不可能有持续的发展。

事实上，只有强大的制度才能给商业和经济交流提供一个健康环境。政治是一切活动的中心。有人有时会说，他们不想参与政治。然而，所有政治决定，无论好坏，都会直接影响到您的日常生活。无论您愿意与否，制度都会强加于您，只要您是这个国家的公民，您就有义务尊重国家的制度。

政治势力范围是世界上每个国家发展的核心。政治和行政权力对非洲大陆的发展负有很大部分的责任。谁为国家发展做出长期预测？谁来验证与投资者签订的开发各国矿产资源的合同？谁来任命能者担任影响国家发展的战略和敏感职位？谁是军队的最高领导人？没有军队，就难以维持国家良好经济交易所依赖的秩序、安全、和平和稳定。

您也许赞同我的观点：是各国的政治权力机构负责做出以上的决定。这就是为什么非洲比以往任何时候都更需要努力争取正直的政治家。非洲人必须要求政治家促进各级人民解放。重要的是，无论如何，他们都要确保共和国制度的强大，并得到所有人的尊重。

说回非洲的铁矿石潜力，要知道的是，科特迪瓦、几内亚和利比里亚三国命运息息相关，因为这三个国家都是名为宁巴的巨大山脉的所在地。

宁巴山其实是一个巨大的、未开发的铁矿，吸引多家跨国公司。这三个国家也对这座铁矿兴趣浓厚，因为它们想开发其矿产资源。然而，与此同时，宁巴山受到了国际组织的保护，因为这颗矿业明珠被联合国教科文组织列为世界文化遗产。

宁巴山海拔 1752 米，是科特迪瓦、几内亚和利比里亚的最高点。在其延伸部分有一个三边交界，海拔大约 1280 米，位于理查德·莫拉尔山。

在科特迪瓦西部、利比里亚东北部和几内亚东南部可望见宁巴山。

宁巴山不仅以其高铁含量而闻名，它也是一个生态区，这里有世界自然基金会（World Wide Fund for Nature，WWF）认证的森林。

这个金融机构是世界上最有影响力的非政府组织之一，拥有超过500万名支持者。它活跃在100多个国家的环境保护和可持续发展领域，开展了大约1300个环境项目。

它的资金渠道多种多样，这说明它的全球影响力巨大。其中，56%的资金来自个人，17%来自公共部门（世界银行、联合国……），10%来自私人公司（可口可乐、汇丰银行、H&M、宜家……），它因此可以在国际组织的保护以及社会的管控下开展工作。

宁巴山远不是一座普通的山。在采矿方面，因其大量的铁储备，它是非洲和世界的战略之山。国际社会对这座山的兴趣也由来已久。

事实上，宁巴山多年来一直受到自然爱好者的关注。研究人员和自然学家出于探索这座天然建筑的愿望，自殖民时期起一直在研究这里的动植物。其综合自然保护区于1981年被列为生物圈保护区和联合国教科文组织的世界遗产。当然，这对环保主义者来说是一个正确决定，但并不意味着它符合所有人的意愿，拥有这个矿藏的非洲国家对此持反对意见。

这个决定也成了开发山腹中巨大铁矿的最大障碍之一。只要国际社会不通过，宁巴山就不能被开发，而该矿藏是相关非洲国家的财政收入来源。正是这种经济、地缘政治和环境三个领域的对抗，导致了几内亚国家长期与教科文组织斗争。

这种带有外交色彩的国际冲突不是说说而已。这表明，非洲在极度贫困的闭塞情况下，希望通过开发矿产资源来获得解放，实现发展。

下面简要描述一下这场斗争的主要经过。必须知道的一点是，这一事件始于20世纪80年代末，当时几内亚国家表示希望开采宁巴山的铁矿。1992年，一家公司获得了该项目的开采特许权。

然而，几内亚政府忽略了一个细节，这引起了轩然大波。事实上，经授权开采的区域与联合国教科文组织世界文化遗产区域有所重合。这一疏忽必然会引起联合国教科文组织世界遗产监督委员会的强烈抗议。几内亚立刻站出来说，最初在宁巴山中心区的界线划分上出了差错。在建议将该遗址列入联合国教科文组织世界遗产名录时，开采区域并不在该名录中。正是这些开采项目带来的损失促使教科文组织将宁巴山列入世界濒危遗产名录。

时至今日，这一场争辩仍未完全结束，但局面似乎出现了转机，因为核电龙头阿海珐公司、钢铁巨头安赛乐米塔尔公司和西非勘探公司等著名跨国公司都对利比里亚境内的宁巴山兴趣颇多。在科特迪瓦，印度的塔塔钢铁公司于2007年与科特迪瓦政府签署协议，负责开采宁巴山矿藏。最后，这份合同没有续签。在几内亚，英国黑貂矿业负责经营宁巴山铁矿的南部地区。2014年，在基于36次钻探和详细分析的勘探计划后，黑貂矿业重新评估了宁巴山资源储量，为1.81亿吨，铁含量为58.8%。这些数字仅代表几内亚部分的铁矿潜力。因此，宁巴山对于整个非洲来说是一个有革命性意义的铁矿。

与刚果民主共和国一样，几内亚也被称为“地质丑闻国”，因为它的采矿潜力大得惊人。虽然宁巴山铁矿和阿尔及利亚的加拉—杰比勒的铁矿、梅赫里—阿卜杜勒—阿齐兹铁矿被一些矿工称为世上最大的铁矿，但西芒杜山铁矿抢尽了它们的风头。

事实上，西芒杜被誉为世界上最大的未开发铁矿。在南西芒杜项目中记录下的储量巨大且具有战略意义，以至于它成功地吸引了世界银行集团国际金融公司（IFC）的注意。

在进一步讨论这个问题之前必须知道的是，世界银行、国际金融公司和国际货币基金组织（IMF）等国际组织对个人、某公司或某国家的兴趣并非偶然。如果它们来找您合作，是因为您有潜力，它们会充分利用您的潜力以强化全球经济和它们的金融机构。

事实上，西芒杜铁矿是世界上最大的铁矿之一，其开采寿命超过40年，每年产量都可超过1亿吨。它的优势不仅仅体现在寿命和吨位上，还体现在质量方面，65.5%的品位使它在世界上已知的铁矿中脱颖而出。世界上很少有矿床能够拥有如此高的品位。鉴于该矿床的价值和南西芒杜项目的规模以及从中可获得的经济利益，国际投资者、钢铁行业、国际组织和几内亚政府对此兴趣颇丰。它们对这个铁矿寄予厚望。

它们真正想要的是成为西芒杜铁矿的独家所有者，或是加速几内亚的经济和社会发展。几内亚迫切需要发展，因为尽管拥有巨大的矿产资源，但自独立以来，人民一直生活在贫困中。

该矿藏的开采足以让几内亚在世界铁矿市场上领先数十年。

南西芒杜项目是一个非同寻常的项目，它是非洲最大的采矿项目。它涉及社会层面，除了开采之外，还包括许多基础设施建设。

该项目包括西芒杜山铁矿的开采和扩建，修建多用户港口和一条长650公里的铁路。这条铁路沿着著名的南部增长走廊，连接几内亚东南部与海岸。除此之外，还将进行配套的基础设施建设。英澳力拓公司称，设计这些开发项目需要约200亿美元的投资。自20世纪90年代末以来，该公司一直负责开采该矿藏。

2014年，力拓公司预测，如果西芒杜矿实现产量最大化，将为几内亚经济带来约75亿美元的增长，使几内亚的国内生产总值增加56亿美元。届时，几内亚将成为世界上最高增长率的国家。我们稍作思考，这样的财政收入能给几内亚这样的所谓贫困国家带来什么，能给整个西非次区域的经济带来什么。当然，这个项目会延期启动，但已规划的基础设施迟早会建设完毕，助力几内亚和西非的发展。

2016 年，在接受《泰晤士报》采访时，力拓公司的高管让·塞巴斯蒂安·雅克先生说，由于全球铁价下跌，他们不能继续投资该项目。

据他所说，铁价下降与全球铁矿石生产过剩有关，也就是说，世界市场上的铁矿石供应量很大。然而，过去十多年中，力拓公司本有机会在铁价很高但供应量低的时候开采铁矿。不幸的是，它没有把握时机。它利用了自己的采矿特许权，以牺牲几内亚的发展为代价提高自己的声誉。多年来，持有该矿藏确实提高了力拓的股票市值，同时也阻止了几内亚将其开发委托给其他公司，这些公司也倾尽全力企图获得该矿的开采权。显然，这有益于这个贫穷的非洲国家的发展。

因此，力拓公司的裹足不前导致几内亚 30 年来一直没有发展资金。这种问题在非洲很普遍。许多公司持有采矿特许权，但实际上没有足够财力以支撑它们在规定时间内开采。它们没有承担风险的底气。多么可惜！国际金融公司与中国铝业公司是南西芒杜项目中几内亚政府的合作伙伴，国际金融公司希望安抚几内亚当局，尽管力拓公司退出，它也会继续开展这一项目。2016 年 2 月 11 日，它发布声明称：

> 国际金融公司继续全力推进南西芒杜项目正在进行的工作，包括向银行贴现的可行性研究以及为扶持几内亚就业和供应商的倡议。西芒杜是一个世界级的铁矿，成本较低，对几内亚来说具有巨大的经济潜力，我们期待着与几内亚政府以及其他合作伙伴合作开发该矿。

诚然，南西芒杜项目是一个长期项目，它的成功高度依赖于世界铁价，其他矿物商品也是如此。然而，正是在这些条件下，开采特许权持有人必须找准时机做出正确选择。他们需要在正确的时间进行正确的投资，寻找最佳合作伙伴，以获取推进西芒杜等大型项目的必要资金。

拥有这种矿藏的国家不应该因为一些矿业公司的疏忽或缺乏财政责任感而蒙受经济损失。这也说明，非洲生产国必须对每家申请开采项目的公司进行全面的经济、财政、伦理和道德检查。在授予采矿特许权之前，必须进行彻底的检查。事实上，许多人在投标过程中展示的公司面貌和财务健康状况并非完全真实。因此，这些矿业公司日后缺乏生产力和效率，却是非洲生产国承担发展滞后的后果。然而，在招标期间，这些公司高调声称它们可以应对所面临的挑战。

所有那些涌向非洲的矿业公司都应如此，因为它们没有足够的财政手段来充分运用采矿特许权，从而束缚了整个大陆的发展和整个民族的繁荣。

非洲人民希望充分利用其底土中的矿物财富，像地球上其他大陆的人民一样过上更好的生活。这是自独立时期以来非洲人民的心声。非洲想解放自己，因为它手握资源。这是现实需要，也是合理愿望。我们唯一需要做的是，确保潜在的风险不会发生，阻碍非洲进步的脚步。事实是，军事政变、种族战争、货币贬值、结构调整等许多其他经济举措对非洲来说弊远大于利，所有这些伎俩都是为了阻碍非洲经济的繁荣，但这其实是一个不可逆转的趋势。

尽管有诸多阻力，但仍有一线希望，因为过去几年的金融指数和经济研究报告清楚地表明，非洲的经济正在抬头，它像一个即将长大的雏鸟，在母亲温暖的羽翼之下躲避了许多天，最终想要破壳而出。

很长一段时间里，这个大陆一直在殖民国家的监管之下。现在它想要独立，把命运掌握在自己手中，因为它已经长大了，正在逐渐走向成熟。的确，成熟是一个持续且没有尽头的过程，但总有一些迹象表明您正在变得更加成熟。非洲也是这样。

事实上，许多新情况可以证明非洲的变化是合理的。例如，近年来很少发生军事政变，越来越多的非洲知识精英在国际组织和著名公司中担任要职，最重要的是，非洲年轻人更具备创业精神。还有一个事实是，西方的跨国公司正在越来越多地转向非洲，开展活动。

非洲大陆上确实有新的中产阶级和富人出现，整个大陆的商业活动蓬勃发展。非洲年轻人创建了发展前景大好的公司，这些新公司的数量正以指数级增长。许多年轻的非洲人正在使用互联网和社交网络。此外，南南合作，即非洲国家之间的双边发展援助和贸易关系，也在不断增多。

最后，非洲人比以往任何时候都更加明白，非洲的发展必须靠自己。他们与非洲的发展直接相关，因此必须最先采取行动，日后才可从中受益。

简而言之，这些是非洲正在走向成熟的一部分迹象。这是个可喜可贺的巨大进步，几十年前从未有过如此大的变化。

与几内亚一样，除了宁巴山铁矿，科特迪瓦还有其他铁矿，科特迪瓦政府有意开采这些铁矿。截至目前，采矿业并未给科特迪瓦经济建设带来足够的贡献。它占国内生产总值的比例不到5%，对全国税收的影响微不足道。

与宁巴山的铁矿石一样，这些矿藏主要位于科特迪瓦西部山区，比如克勒豪耶山和提亚山铁矿。据泛非矿物和科特迪瓦国家矿业公司所说，其储量估计有20亿吨，这两个公司自2012年以来一直持有这两个矿床的开采权。除此以外，根据管理该矿的塔塔钢铁和科特迪瓦国家矿业公司的数据，高山矿的储量估计为12亿吨。

由于铁从不单独存在，所以在同一地区还会发现其他矿物。比如，萨马普洛镇的4000万吨镍和铂铜，以及图巴和比昂库马镇的约2.54亿吨镍和钴。

考虑到这些矿藏的开发，目前正在规划一些项目，有助于日后进入矿床。还要建设一些基础设施，其中包括一条474—737公里的铁路，连接马恩市和圣佩德罗市，并在圣佩德罗港建立一个矿物码头。这个港口将由两部分组成，即深水矿物港和矿物码头。科特迪瓦政府称，所有的基础设施建设需调用约4.9万亿非洲法郎，相当于约100亿美元。

非洲蕴藏着丰富的铁矿。这与它的非典型地质和湿热气候有很大关系。我们暂且不提非洲第一大铁生产国南非，所有采矿数据都可显示出非洲大陆矿物原料的丰富多样。

当我走遍非洲时，发现它到处都是战略矿产资源。作为一名地质学家和地球物理学家，我学到的知识和职责可做证明。非洲采矿潜力如此巨大，以至于这本书无法详尽散布在非洲各国的众多矿藏。说实话，当我提笔写下这本书的第一行时，从未想到会在这个问题上花费如此多笔墨。在写作和研究过程中我意识到，关于非洲的矿产资源有很多东西可以说。

当开始撰写时，我以为自己已知道非洲的大部分矿产资源，直到后来发现自己所了解到只不过是其采矿潜力的冰山一角。我只能深入全面地研究这一问题。

对发达国家来说，非洲是一个异常关键的地缘战略大陆，它们需要矿物原料来维持自己的世界地位和影响力。非洲人必须意识到这一点，并将其作为建设稳定与和平的基础，这是经济建设和发展的先决条件。

事实上，非洲要在采矿业迎头赶上，促进发展。正因如此，近年来，大多数非洲政府在定期改革其现有的采矿法规或制定新的法规。这样做是为了减少阻碍外国投资的繁文缛节、促进研究，没有研究，就无法扩大现有矿区、发现新矿藏。这些改革还旨在确保持续不断的财政盈利能力。鉴于非洲生产国的不稳定，必须最大限度地提高其财政收入，以增强其经济。这些改革也是施行善政必需的条件。要知道，如今，施行善政的规则和原则是所有国际金融组织，如国际货币基金组织（IMF）和世界银行的要求。它们的这个顾虑是为了保证政府的透明度，确保一些国家，尤其是非洲的商业市场稳定。

正如之前所说，南非是世界上主要的铁生产国之一，在非洲这一竞技场上，南非是第一大铁生产国。

南非的第一大铁生产国地位得益于它的矿山，其中最重要的是库玛尼矿，它雇用了 1562 人和约 2300 名分包商。这是一个露天矿。库玛尼的非典型土地呈红色，这来源于这片土地上大量的铁矿石。库玛尼矿位于北开普省，距卡图 30 公里，距金伯利西北约 250 公里。库玛尼矿的储量估计为 7. 09 亿吨，铁含量为 64. 2%，该矿正在扩建以提高产量。目前，库玛尼矿正在取代以前的比绍克矿。因此，它是南非阿斯芒矿业（ASSMANG）的主要产铁矿。该公司自 1970 年以来一直是南非第二大铁矿石出口商。因此，库玛尼矿隶属于阿斯芒集团，该集团股东只有阿索尔矿业公司和非洲彩虹矿业有限公司，各自持有 50% 的股份。

起初，库玛尼矿的规划是生产 1000 万吨铁矿石用于出口，但随着第二阶段的开发和扩建项目，其年产量现已达到 1400 万吨。

库玛尼矿和昆巴矿是附近卡图镇诞生的基础。昆巴矿是世界第四大产铁矿，也是南非最大的产铁矿。卡图镇的历史还不到 40 年，它是为安置这两个矿区的 3000 多名员工而建。因此，这个地区的剩余和财富是因铁矿石的开采而来，这些铁矿石经过铁路长途运输到南非西海岸的萨尔丹哈。鉴于昆巴矿的员工人数及其全国、全球铁产量排名，不难得知其储量远远大于库玛尼矿的储量。

以上只能窥见非洲采矿潜力的一隅，这足以证明，在不久的将来，这个大陆就会成为世界各国矿物原料不可或缺的来源地。在西方经济崩溃之后，非洲将成为经济上的领导者。

事实上，西方经济模式正在老化，不再适应发达国家产业、社区和家庭方面新的现实情况。许多迹象预示着经济衰退即将到来。近十年来，我一直生活在西方社会和制度中，每天都能观察到这些预兆。下面列举一些自己看到的事实。例如，西方经济体年增长率难以超过1%。西方民众对传统政治势力和政党失去了信心，因为它们无法兑现选举承诺，因此，民族主义政党和新的政治组织正在崛起。在西方政府的无力之下，失业人数不断上升。还应注意的是，几十年来一直支撑发达国家经济的跨国公司和大公司正迁往第三世界国家，因为那里的劳动力更便宜。不幸的是，这些迁移是以牺牲西方工人为代价的，他们在家庭负担、日常开销和房产债务的重压下苦不堪言。此外，西方特别是欧洲的青年遭遇失业，被迫移居其他国家，希望完成学业后找到工作。他们不希望自己和那些大学毕业或被解雇后一直处于失业中的前辈一样。工业部门中以前由男性担任的岗位现在正被机器人取代。

这一惨淡局面只是当前西方经济和社会模式脆弱性与软弱性的表现。正如我之前所说，由于全球化的快速发展和影响，这些经济模式尽管仍是良好的经济基础，但已不再适用。与此同时，第三世界国家，即一些非洲、亚洲和拉丁美洲国家的经济正在稳步增长，达到前所未有的高度。这些成就震惊了国际金融机构，它们过去不曾看到贫穷国家的经济增长。非洲的历史中并非只有荒凉、战争、饥荒和流行病，情况正在改变，这个大陆充满希望。

这本书不仅仅是为宣传和强调非洲采矿潜力，也是为了激励非洲大陆。它的目的是激励那些因长期面对苦难而对生活失去希望的人。重要的是，生活中没有所谓的宿命，一切皆有可能。没有什么是事先注定的，现在好好把握人生为时未晚。只要人还活着，一切就没有结束，仍可以重振旗鼓，在通往美好明天的道路上再次出发。因此，坚持不懈是非洲乃至世界所有遭遇挫折的人应有的基本价值观。除此以外，必须心怀希望，不要理会那些整天告诉您不会成功的消极悲观言论。您可以做到任何事。

因为与世界其他大陆相比，非洲多年来一直处于落后状态，我们从媒体和发展专家那里听到了多少次非洲永远不会崛起。

今天，这些说法已过时，不再站得住脚，因为国际金融组织、私人研究机构，甚至发达国家外交部非洲司，都对非洲展开认真研究。它们都赞同，非洲正在且必将摆脱贫困。而在埃塞俄比亚和卢旺达等非洲国家，经济增长比预期更快，出现了前所未见的惊人增长数字，这令宏观经济专家非常惊讶。

有多少次，非洲在国际组织上做出关乎自身的决定，却不认真解决在其土地上激增的社会政治冲突？

幸运的是，现在非洲的战争已经减少。这一点显而易见，非洲的局面明显改善。非洲正在逐渐稳定，和平正在非洲大陆上成为现实。选举带来的冲突是混乱的主要来源，现在已经很少见。面对政治动乱，非洲民众现在是第一个接受选举结果的人，这与十年前完全不同。这证明了非洲人的想法和态度正在发生变化。

借此机会，我想提醒大家，我写这本书的目的之一是让非洲人民的想法发生积极变化，希望所有热爱非洲大陆并希望为其发展做贡献的人消除成见。这本书激励大家不要再用负面的观点先入为主地看待非洲，要以不同的方式看待它。从现在起，我们应把非洲看作充满希望、前景光明的大陆，拥有丰富的矿藏、文化和年轻的人力资源。非洲拥有诸多优势，以及尚未被领略的非凡潜力，因此它是我们未来必须正视的一个大陆。

显然，这本书是引导人们关注非洲真正价值的基础，要看到非洲的优势和劣势，最重要的是，它的矿物多样性使其独一无二。

时代已经不一样了。非洲已经度过了争取独立、饥荒、结构调整时期，以及最近的叛乱和军事政变。所有的磨难使这个美丽、富饶的大陆的发展停滞多年。现在我们处于新技术、数字和社交网络的时代，所有想要了解和学习的人都能获得知识。得益于这些新的自学工具，非洲正在快速学习。

非洲正在秘密地迎头赶上。它在全世界的关注之外不断进步，而世界认为它仍然处于半个世纪前的水平。

若您去往非洲各国首都，就会发现西方国家风靡一时的数字平台已是非洲年轻人日常活动的一部分。这证明非洲在这个新的地球村中的快速成长，就像软件随着技术进步而自我更新一样。正如科特迪瓦的一句名言所说：

巴黎下雨时，雨滴会落在科特迪瓦的经济首都阿比让。

我会用下面这句话结束本节内容：

非洲正在前进，已是全球经济运动的一部分。

五　科特迪瓦、马里、布基纳法索和加纳的砂矿、火山沉积褶皱和金

尽管我们已经谈到了源自岩浆岩的金矿床，但需要注意的是，一些矿床也来自沉积岩。比如，大多数非洲国家，特别是西非发现的砂金矿、火山沉积物或褶皱。

在非洲西部的这个地区，克拉通被几条沉积沟切断，这些沉积沟是假性河流盆地，通常蕴藏着丰富矿藏。科特迪瓦就是这样，它

有28个火山沉积褶皱，并延伸至邻国，即加纳、马里、布基纳法索、几内亚和利比里亚。所有这些国家都有大量的金矿，并因其巨大的黄金产量闻名于国际矿物商品市场。

事实上，这些国家的大部分矿床起源于同一地质构造，这种地质构造最初发现于科特迪瓦。也是出于这个原因，许多专家预测，科特迪瓦掌握着西非很大一部分的矿产储备。地质学家、地球化学家和地球物理学家在科特迪瓦各地进行的科学研究和实地观察也得到了肯定的答案。

2015年，科特迪瓦政府授予沃特尔先生阿菲玛矿的开采特许权。该特许开采地位于科特迪瓦东部阿博伊索省的马费雷镇，距阿比让150公里。

随后，沃特尔·夏慕先生发表了一个声明：

> 科特迪瓦拥有该地区最大的黄金潜力，很高兴可以在这里开启新的冒险。

若科特迪瓦只有黄金这一种矿产，我们就不可能反复提及。

事实上，矿业和能源部的数据显示，科特迪瓦采矿潜力丰富多样。在科特迪瓦、刚果民主共和国发现了钶钽铁矿石的踪迹，在科特迪瓦（表4）和几内亚发现了铝土矿的踪迹。

表4　　科特迪瓦的矿产资源（科特迪瓦矿业和能源部，2016年）

矿物	地点	估计储量
铁	宁巴山，克勒豪耶—提亚山，高山，莫诺加加	27.4亿吨
红土镍	锡皮卢，丰贝索	2.98亿吨
铝土矿	迪沃，贝内内，图莫迪，迪戈—木库埃多	12.14亿吨
锰	邦杜库，卢佐阿，奥迭内	7.5百万吨

续表

矿物	地点	估计储量
钶钽铁矿	伊西亚，图夫黑	145 吨
钻石	博比，托尔提亚	超过 1 千万克拉
金	伯尼科洛，伊提，汤贡—姆本格，阿博伊索，西辛格，安哥维亚，西雷，安古保鲁，科昆博，亚虎乐……	600 吨

这两种战略性矿物只是非洲地质克拉通中所含矿物的一小部分。这些克拉通是非洲矿产财富的来源。

由于南非背靠喀拉哈里克拉通，它被认为是矿产资源最丰富的非洲国家之一。

因为刚果民主共和国以刚果克拉通为基础，因此它被称为“地质丑闻国”。

马里是世界十大产金国之一，这是因为它是西非克拉通的一部分。

因此，许多非洲国家成为世界最著名的黄金生产国，这并不是巧合。

科特迪瓦位属西非克拉通，占据了该克拉通南部的大部分地区。该地区有前寒武纪时代的石基，因此藏有矿物。该地质基底覆盖了科特迪瓦约 97.5% 的领土。我将在以下段落中详细介绍西非克拉通的组成部分。

本节开头说道，科特迪瓦已知的地质构造和矿化火山沉积褶皱具有区域性。

在这些褶皱中，沉积着变质火山碎屑岩和火山岩，以及金、铀、镍、锰、铝土矿、钴、锡、铂等矿物。这些金属的浓度达到一定程度后，从遭遇侵蚀的母岩中脱离，形成矿床。金矿就是这样形成的。

根据定义，冲积砂矿是指黄金等重金属被冲入的地点或河流，由于其密度不同，开始沉降，并集中形成金矿，称作砂金矿。

事实上，科特迪瓦已发现几条西南—东北方向的火山沉积褶皱。它们根据被发现的地区命名。例如，上恩济褶皱、乌梅—菲特克洛褶皱、上科莫埃褶皱和阿菲玛褶皱，这些都是黄金产地。您要知道，加纳的大部分黄金是从延伸至加纳的阿菲玛褶皱中开采的。加纳的黄金生产处于世界领先地位，一定程度上要归功于这一褶皱中的大量黄金储备。

在加纳，高产的塔夸矿和达芒金矿证明了西非克拉通经历了矿化区域化。这两个矿床也是典型的古砂矿。

它们位于名叫塔库瓦伊安的地质构造中，该名称是为向它们首次被发现的地点塔夸致敬。

米雷斯（1992 年）进行的区域地质年代学和结构研究表明，科特迪瓦的比里米安矿化岩和加纳的塔库瓦伊安矿化岩之间存在相似性和等价性。这些地质数据使我们了解到这两种岩石具有相同的含金系统，而且塔库瓦伊安岩部分起源于比里米安岩。

根据塔吉尼（1967 年）和帕彭（1973 年）的工作，加纳的塔库瓦伊安被定义为由大陆沉积物组成的超比里米安群。这个名字证明，加纳和科特迪瓦已知的这两种地质构造之间存在联系。

若考虑到这些地质构造所在的城镇位置，这一联系就更加清晰。塔夸镇位于加纳西南部，其金矿被认为是阿菲玛火山沉积褶皱的延伸也就不足为奇了。实际上，这两个非洲城市是边境城镇。阿博伊索位于科特迪瓦东部边境，而塔夸靠近加纳的西部边境。我在本书开头提到了地质层地理分布原则，这就是一个具体例子。布基纳法索也发现了塔库瓦伊安，这是地质构造区域化的进一步证据。

事实上，科特迪瓦的乌梅—菲特克洛褶皱包含下元古代岩石的几个亚类，其中一些被称为布尔基纳岩。这样命名是因为它们存在于生产布基纳法索金条的地质构造中。

地理维度在地质学和矿业勘探中非常重要。如果不能准确详细地掌握矿床和矿井在地球表面的地理位置，就无法进行定位。因此，近年来，地理信息系统和地理定位工具在矿产勘探中得到了长足发展。

要如何时隔一年再次在非洲雨林深处找到之前观测到的采矿指数呢？必须拥有该矿区地理位置的所有数据。

若不了解蕴藏这些矿藏的地质克拉通，就无从谈论非洲矿化地质构造区域化。而西非克拉通是主要的例子之一，因为它集中了世上已知的很大一部分珍贵战略矿物。那么，我们对西非克拉通有哪些了解？

该克拉通南部被分为两个主要领域，分别是凯内马—马恩域和巴乌莱—莫西域。

凯内马—马恩域位于该克拉通西部。它覆盖利比里亚、塞拉利昂、几内亚和科特迪瓦西部。在这里发现了宁巴山的铁矿、几内亚的铝土矿、塞拉利昂的钻石和科特迪瓦的镍矿。

包勒—莫西域位于克拉通东部。它覆盖布基纳法索、科特迪瓦、加纳、几内亚、马里、尼日尔和多哥的部分地区。在此处我们发现了元古代的比里米安和塔库瓦伊安地层，它们产出了西非最大金矿，以及科特迪瓦达巴卡拉和塞盖拉的钻石储备。

这两个地区构成了著名的马恩山脊。

不过，我提到这两个地方是希望诸位注意它们的复合命名法。

这种命名方法指出，包勒—莫西域和该区域的岩石横跨科特迪瓦和布基纳法索，包勒是科特迪瓦的主要民族之一，莫西是布基纳法索的主要民族之一。这一地质区占据了马里的南部和加纳的东部，因此它具有区域性。

关于凯内马—马恩域，要指出的是，马恩市位于科特迪瓦，和几内亚的西芒杜一样拥有重要的铁矿。此外，凯内马是塞拉利昂的第三大市，是该国的经济首都。它被称为钻石贸易和销售中心，因为它有巨大的钻石矿藏。您也可以看到，这个地区的地质构造及矿物奇怪地分布在这些西非国家的几个城市中。这是西非地质构造区域化的另一个标志。因此，这些国家地下的矿产资源具有相似性。

虽然2013年科特迪瓦的黄金产量估计为13吨，2015年超过18吨，但仍低于加纳、马里和布基纳法索，这些国家的矿业部门已经充分发展了黄金开采业。

为了阐明非洲地质构造的区域性，我在本书的开头用了几页的篇幅来解释某些地质学原理。在这种情况下，用到的地质学原理有地质层的连续性或地理分布原则。

在此之后，我们必须考虑到，在西非，大部分的金矿化是在古元古代的比里米安地层中发现的。因此，这些地层成了勘探地质学家的目标，采矿公司也在努力寻找。迄今为止，在科特迪瓦发现的大多数金矿和矿井是在这些比里米安地层中发现的。其中包括兰德戈德资源公司经营的汤贡矿、拉曼恰公司和伊迪矿业公司（SMI）经营的伊迪矿、纽克雷斯特矿业公司经营的西雷矿、LGL和纽克雷斯特矿业公司经营的博尼克罗矿、奋进矿业经营的安古保鲁矿、阿马拉矿业经营的安哥维亚矿、金牛黄金有限公司经营的阿菲玛矿，以及珀儿修思矿业经营的西辛格矿。除了上述金矿之外，其邻国也在比里米安地层中发现了金矿。

在科特迪瓦发现的所有金矿中，阿菲玛金矿最具发展前景。其储量估计为36吨黄金，如果该矿成功扩建，储量则可以增至43吨。金牛黄金有限公司计划在2017年开采后，年产量保持在1.8—2吨之间，为期20年。为实现这一目标，它计划投资700亿非洲法郎，约1.06亿欧元，建设一个采矿综合体。第一批资金300亿将首先用于矿山的建设和启动，其他400亿将用于开采和扩建矿山。

以上是塔乌资本的科特迪瓦子公司总经理埃洛·卡尔达乔先生明确的该矿的发展规划。他是我在科特迪瓦费利克斯·乌弗埃—博瓦尼大学地质学硕士课程的老师之一。他非常了解科特迪瓦采矿业，他的能力在这个领域有目共睹。他对阿菲玛火山沉积褶皱相当熟悉，数年前他曾在那里工作。撰写此书时，阿菲玛矿是科特迪瓦继伊迪、汤贡、安古保鲁和博尼克罗之后第五个生产中的金矿。

自 1991 年以来，伊迪金矿仍是科特迪瓦运营时间最长的金矿。多年来，它经历了几个开采季，但仍在盈利。SMI 经理丹尼尔·亚伊先生在 2014 年 1 月 16 日的《非洲青年报》上对记者说：

> 尽管年代久远，伊迪金矿仍潜力非凡。

1991 年至 2012 年间，从伊迪金矿中提取了约 80 万盎司黄金。2013 年的数据显示，其产量翻了一番，从 2012 年的 1.6 吨增加至 2013 年的 2.54 吨，一年内增长了近 58%，净利润为 200 亿非洲法郎，相当于 3000 万欧元。这些成果要归功于同年约 150 亿非洲法郎（2300 万欧元）的投资。这笔投资改进了生产方法，并通过勘探活动扩建了矿区。事实上，一个矿山的生存、发展和盈利正是通过不断改善这两个方面来实现的。生产方法（开采技术等）和矿场扩建是维持矿场寿命的引擎。任何不在这两个方面投资以确保长期可持续性和盈利能力的矿山注定会消失。科特迪瓦通信、数字经济和邮政部部长兼政府发言人布鲁诺·科内先生在 2017 年 3 月 21 日的声明中也表达了这一观点。科特迪瓦政府向加拿大奋进矿业公司和迪迪埃·德罗巴团队转让伊迪矿股份的仪式之后，科内先生发表了以下讲话：

> 股份转让后，SMI 得以执行其投资计划，该计划已从接管拉曼恰收购时的 980 亿非洲法郎增加至 2000 亿非洲法郎。我们将建设一个年加工能力为 300 万吨黄金的现代化生产厂……

这一行动将使索德米公司能够更好地在我国矿业发展战略框架内开展研究和勘探活动。

今天，在追加了约1000亿非洲法郎的生产投资之后，由于采用了浸出法，伊迪矿能够回收约95%的金矿，而2013年的回收率为70%—80%。恰恰是这些鼓舞人心的成就吸引了众多投资者。比如，著名的法国—科特迪瓦国际足球运动员迪迪埃·德罗巴，自2013年以来，他一直是伊迪矿业公司（SMI）持股5%的股东。

为了表明他的投资不是失误，而是正确的选择，迪迪埃·德罗巴的团队在2017年3月再次采取行动。在科特迪瓦转让了另一部分股份后，他现在拥有SMI 10%的股份。这次股份转让后，奋进集团持有80%的股份，迪迪埃·德罗巴集团持有10%的股份，科特迪瓦政府持有10%的股份。我记得SMI集团属于加拿大拉曼恰集团，该集团现在是奋进集团的大股东。

对于不熟悉迪迪埃·德罗巴的人来说，重要的是要知道他在体育界有着毋庸置疑的影响力。2010年，这位在马赛和切尔西俱乐部大展拳脚的足球传奇人物，与美国总统克林顿、奥巴马一起，被《时代》杂志列入世界百大影响力人物之一。

因此，迪迪埃·德罗巴先生为非洲侨民和对非洲失去希望的人树立了一个非常好的榜样。在2013年的首次股份转让仪式上，他发表了一份声明，《回声报》2014年1月8日进行了转载。他借此机会对非洲人和所有对非洲感兴趣的投资者说：

很高兴能与国家签署协议。这是一个强有力的合作。我认为我们必须为科特迪瓦人指明前进方向。

他明明有很多其他机遇，为什么会同意媒体报道他加入非洲的

SMI？他是世界各地许多公司的股东，但并没有围绕这些公司大肆媒体宣传。因此，这肯定来自他对非洲的热爱。他这样做是希望为其他非洲人树立榜样，他们可以凭借自己的技能在世界有发展的公司成功占有一席之地。这些都表明，非洲将成为未来之大陆。此外，我决定写这本书，也是为了鼓励人们在非洲投资。

通过这本书，我希望人们能够了解非洲矿产资源的优势和品质，告诉非洲人不要为了追求西方的黄金国而放弃自己的大陆。重要的是，鼓励投资者将他们的资本投入非洲矿产的开发，以促进其发展。

非洲大陆上有如此多的金矿和矿床，单是列举和描述就可以写出五本以上的书。

此外，钶钽铁矿石、钴、钻石或石油等矿物产品，因为它们高度的战略性和敏感性，应和黄金一样被重视。

因此，这本书只是描述了非洲地下的所有矿产财富。非洲的价值远超我在书中所写的。

让我们说回金矿和矿床，非洲的金矿资源非常丰富。南非的威特沃特斯兰德金矿是世界上最大的金矿之一，占世界黄金资源的三分之一以上。然而，本书中没有充分提及，这样的例子在非洲各国比比皆是。尽管如此，在研究了其中几个国家的黄金潜力后，人们意识到，非洲的采矿潜力巨大，必须认真对待。非洲国家还未意识到自己矿藏的丰富性，而其他大陆的国家对此虎视眈眈，想要依靠这些矿物原料促进发展。还有人私下说：

> 只要我们能拥有非洲哪怕是1/100的矿产资源，我们的国家的经济发展绝不会再止步不前。

美国前总统巴拉克·奥巴马先生已经明白了这个道理。

事实上，他一上台就意识到，就能源供应而言，非洲是未来之大陆。因此，他设立了一个名为“非洲电力”的投资基金，初始资金为330亿美元，为所有希望在非洲进行电气化的美国公司提供帮助。因此，每个月都会在白宫内举行一次有关非洲事务的晚宴，因为美国要在非洲树立自己的品牌以确保能源领域的发展，这具有战略意义且至关重要。

非洲是个富饶的大陆！非洲人民必须意识到这一点，趁现在为时未晚，命运还掌握在自己手中，卷起袖子抓住机遇。我仍然相信，在不久的将来，非洲将和今天的中国一样，中国目前是世界领先的经济大国。

非洲仍有希望。由于非洲国家不断努力偿还债务，完成重债穷国的任务，其外债正在减少。

2017年7月8日，在G20峰会期间召开的新闻发布会上，法国总统埃马纽埃尔·马克龙先生在接受关于非洲发展的提问时说，阻碍非洲大陆发展的一个突出问题是其飞速发展的人口结构。在世界各大媒体，特别是法国视听频道“法国24频道”转播的一次建设性演讲中，他指出非洲妇女数量很多：

> 数十年来，马歇尔计划一直在筹划中，事实上，这些计划已经完成并实施。所以，如果这是件易事，您之后会发现的。马歇尔计划是一个在那些平衡、稳定的国家开展的物质重建计划。非洲面临的挑战完全不同，其意义更为深远。它是文明层面的挑战。今天，非洲的问题究竟是什么？失败的国家、复杂的民主过渡、人口转型，都是非洲的关键挑战。各种走私线路，比如毒品、武器、人口、文化产品的走私，以及暴力原教旨主义、伊斯兰恐怖主义，都需要非洲在安全和区域协调方面做出整改。这些都给非洲带来了困难，但与此同时，也有一些

国家非常成功，实现了非凡的增长率，因此有人说非洲这片土地充满机遇。因此，如果我们想针对非洲和非洲的问题做出一致回应，则需要制定一套更复杂的政策，仅仅一个马歇尔计划和堆积数十亿的美元是远不足够的。凡是私营部门能够参与的事务，它必须参与，而我们必须适当引导这些部门。这正是我们与世界银行达成的协议。在必要基础设施、教育、卫生方面，我们必须采取行动确保公共资金发挥作用。这是我们的责任。在安全方面，我们必须与非洲区域组织共同行动。法国在萨赫勒地区的巴尔克汉行动就是如此，更广泛地说，我们上周日在萨赫勒五国集团设立的宗旨'发展与安全'体现了这一点。其次，我们有个共同的责任。为非洲而生的马歇尔计划也是一个将由非洲政府和区域组织共同承担的计划。它需要着更严格的治理，打击腐败，争取善治，实现成功的人口转型。当当今各国每个妇女生育7—8个孩子时，您可以在非洲投资数十亿欧元，但您无法带来任何安定。因此，我们必须考虑到非洲的特殊性，由非洲国家元首一起执行转型计划，这个计划必须覆盖我们针对方才提到的所有问题做出的承诺，需要更好地联系公共和私营部门，并且计划的长期执行必须更具区域性和全国性。这就是我们应该采取的工作方法。无论在哪里开展工作都应如此。

诚然，法国总统的这篇演讲包含许多真理，但他提到的人口问题及其对非洲发展的影响值得商榷。因此，可以根据人们想要赋予的含义来解释。

事实上，在本书开头我通过中国和印度等新兴国家的人口结构的例子明确指出，非洲庞大且不断增长的人口结构是非洲人的优势和机遇。这些国家的人口超10亿。它们目前的经济成就只能依靠巨大的人力资源储备带来的附加值，没有其他来源。

在写这本书时，我有幸住在法国。2017 年，我访问了加拿大。由于这两段经历，我发现大多数企业和战略活动部门，如餐馆和啤酒厂，都由亚洲人控制，特别是中国人、日本人、印度人，甚至巴基斯坦人。很多时候，其中部分人仍在努力用法语正确地表述一个句子。这些外国国民究竟为何以及如何如此容易地在这些著名的西方国家的首都立足？

事实上，这些外国人社区占据了西方经济结构的一席之地，因为它们凭借庞大的人口结构占据了世界上的大城市。由于本国的人口高于平均水平，他们需要移居国外发展，寻找机会。此外，那些西方人不感兴趣的活动，对这些来自新兴国家或发展中国家的国民来说却是绝佳的意外收获。这是一种尚未命名的经济再殖民化的新形式。此外，各国政府高度理解这种地缘政治战略。这就是为什么它们最先为其国民在国外的项目，特别是在法国、英国、德国、加拿大、美国等发达国家的项目提供资金。

因此，您会看到，在很短的时间内，所有西方大城市都有中国人开设的豪华中餐厅。同样，您会发现，巴黎的大多数烟草店是由中国人经营的。事实上，中国正在帮助他们在世界各地传播中国文化，并重新赢得全球经济地位。实现这个目标需要大量的人力资源，也就是说，需要一个增长动力十足的人口。这就是为什么我的观点与法国总统所说的观点相反。我仍相信非洲不断增长的人口对该大陆来说是一个非凡的机遇，中国和印度就是生动的例子。

一些专家预测，到 2025 年，西非将有大约 10 亿人口。因此，它将成为西方农业食品、初创企业生产的技术设备以及制造商设计的家用电器的潜在市场。其未来庞大的人口将提供足够的合格劳动力，可以填补未来的公司和非洲及世界各跨国公司的岗位。在这个层面上看，并非像法国总统说的那样，非洲飞速发展的人口是个真正的优势。

从另一个角度来说，如果非洲这种飞速发展的人口结构并非由非洲政府控制，那么埃马纽埃尔·马克龙先生的说法是正确的。不幸的是，大多数非洲国家的情况确实如此。如果非洲国家的人口普查每五年进行一次，而不是像西方国家那样每年一次，那么非洲该如何制订出更好、更公平的发展计划？非洲的边界漏洞百出，如果一个政府没有可靠的人口统计数据，它该如何预测未来并规划国家的社会、基础设施和经济发展？

如果一个政府不知道每年生活在其领土上的大致人数，它如何公平地分配国家的财政资源？

显然，每五年一次的人口普查意味着总统的任期已过，因为大多数非洲国家总统的任期通常为五年。因此，新当选的总统没有最新的真实人口数据来执行和调整发展方案。

这些事实使这位法国总统将矛头指向非洲的高出生率，在他看来，这仍然是非洲大陆不发达的根本原因之一。如果由于缺乏可靠的人口数据，各国政府不能公平地享有采矿所得的经济利益，那么很明显，贫穷和不发达将成为非洲人的日常生活。因此，人口统计数据非常重要。这是显而易见的事实，不论是否获得过哈佛大学或巴黎综合理工学院的学位都能看出！

六　中非共和国、南非、塞拉利昂、博茨瓦纳、安哥拉和纳米比亚的冲积、残积钻石矿床

正如在火山沉积褶皱和砂矿中发现的黄金，钻石也被发现于冲击沉积物中。冲击沉积物也称作砂积矿床。因此，含钻石的冲积层也是母岩金伯利岩被侵蚀的结果。

与源自岩浆岩的原生钻石矿床相比，含钻石的冲积矿床属于次生钻石矿床组，通常是沉积岩。

然而，冲积钻石矿层和残积钻石矿层是有区别的，二者的区别在于被侵蚀的母岩和钻石沉积地之间的距离不同。

一般来说，残积矿床非常接近原生矿床，即被侵蚀的母岩。它们往往使地面呈黄色。另外，冲积矿床离母岩更远，位于河流或海洋的河床中。

我在这里再次提到这一点，非洲的许多钻石矿床和金矿床是冲积而成的。比如中非共和国的钻石，那里迄今为止的所有钻石产量都来自冲积矿床。根据中非共和国矿业、石油、能源和水利部的数据，2014 年，它向西方国家出口了约 530991. 68 克拉（一克拉相当于 0. 20 克）的钻石。

不论是在曼贝雷、洛巴耶、纳纳—曼贝雷还是卡达伊，中非共和国发现的所有钻石矿藏都是沉积性的。迄今为止，中非共和国尚未发现金伯利岩。然而，许多研究人员认为，这些钻石被侵蚀的母岩起源于中非共和国南部，并且肯定被较年轻的沉积物覆盖。

后来，一种新型的钻石矿床进入了采矿业。许多人将它称为未来的钻石矿床。这就是南非钻石国际有限公司于 2007 年在纳米比亚发现的离岸钻石。这一发现在纳米比亚大洋沿岸进行，因此使用了“离岸”一词。

该矿床储量约为 63000 克拉，一克拉的价格约为 318 美元，您可以计算出纳米比亚能够从中赚取多少钱。

这种矿床也被称为海洋矿床。实际上，纳米比亚的离岸钻石也源自冲积层。它们是由南非克拉通中心地带的金伯利岩管侵蚀而来，也被称为卡拉哈里克拉通。这种变质后的产物通过河流运到纳米比亚海岸，因为相比于卡拉哈里克拉通，纳米比亚下游的地理位置与这种变化完美契合。正因如此，这些钻石和石油一样被发现于沉积盆地。所以，我在本书前几段中讨论了沉积盆地的形成过程。

和石油与天然气一样，锰、镍、氦和钻石等矿物都发现于沉积盆地中。离岸钻石的唯一缺点是其开采方法会影响环境。

事实上，用来清除包裹钻石的沙子的强力吸尘器间接破坏了水下动植物。很明显，环保人士对这样的生产方式感到不满。尽管如此，考虑到这样的钻石矿藏能够带来财政和地缘战略利益，纳米比亚政府坚持要开采它。因为纳米比亚和其他面临类似生态难题的非洲生产国一样，对其发展寄予厚望。

塞拉利昂也有钻石冲击矿床，世界上最著名的珠宝公司对此高度重视。80 年来，尽管经历了臭名昭著的血钻事件，塞拉利昂一直是世界钻石市场中不可或缺的一员。

今天，得益于新发现的钻石储备，塞拉利昂正在迈入世界主要钻石生产国的行列，其中包括博茨瓦纳、南非、加拿大、俄罗斯和澳大利亚。这些原生和次生矿藏发现于科伊杜矿区，该矿区位于该国首都弗里敦以东 330 公里的科诺区。科诺是塞拉利昂最大的钻石生产地区。1930 年，在该区域的松戈河流域发现了该国的第一个冲积钻石矿床。它也是在内战期间损失最大的地区之一，因为它有大量钻石矿藏。当我们考虑到 1930 年至 1999 年间该地区生产了 5500 万克拉钻石时，人们可能会和所有矿工一样，认为其储量现已耗尽。但是并没有耗尽，科伊杜矿尚未显示出其全部钻石潜力。

事实上，截至 2010 年 12 月 31 日的统计数据显示，科伊杜矿的已探明储量约为 420 万吨，品位为每吨 0. 44 克拉。虽然这个数据已很可观，但如果把地质数据也考虑在内，科伊杜的总储量估计为 1020 万吨，品位为每吨 0. 54 克拉。因此，若数据可靠，该矿床可生产 550 万克拉的高品质毛坯钻石。钻石商 Octea 已被授予科伊杜采矿特许权，有效期至 2030 年 7 月，并有可能再延长 15 年。它还经营着通戈地区的通古马矿。

从地质学角度看，科伊杜的采矿特许权说明，这里存在两个相邻的金伯利岩管或矿脉，以及其他四个金伯利岩堤坝区，每个堤坝区的周长都在扩大。凭借这些特点，科伊杜矿床在该国的采矿领域激起了前所未有的经济热潮和热烈反响。2012 年，Octea 钻石集团的工厂正式开业，该工厂每小时将处理 180 吨钻石矿石。在它盛大的开业纪念活动上，塞拉利昂总统欧内斯特·巴伊·科罗马博士发表了以下讲话：

> 我们的国家拥有相当多的矿产资源，但如何管理这些资源对国家未来的繁荣和公民生活环境的改善至关重要。

考虑到塞拉利昂近期情况，国家最高当局发表这样的声明是值得铭记和赞扬的。它有丰富矿产，但在经济和基础设施方面却和大多数非洲生产国或发展中国家一样非常贫穷。

当我们分析塞拉利昂总统的讲话时，他提到了非常重要的一点，而非洲人往往忽略了它或者因可能遭到报复而不敢谈论。尽管不能随意谈论，但它是非洲不发达的原因之一。自 1960 年独立以来，非洲一直在努力追求发展。我说的究竟是什么原因呢？请注意！这是个棘手的问题，即非洲采矿利润的管理问题。

这个问题首先涉及的人必然是非洲国家元首和政府首脑。相关事务涉及非洲生产国中所有在行政机构中任职的人或所有参与发展公共服务的人。

不铲除贪污腐败，就没有发展。世界上所有放任腐败泛滥、为贪污建造温床的国家都难以整顿各个活动部门而实现发展。因此，它们的经济陷入困境，并反过来影响自身发展。为什么许多非洲统治者在欧洲和美国拥有各种财产、豪华酒店和高级私人住宅，而他们的人民却在挨饿，基本的生活必需品都被剥夺？每年，著名的瑞士银行中都积攒了巨额的财富。在短暂的执政时间内，他们从哪里以及如何获得这些天文数字般的财富？

这种现象在非洲反复公然出现，西方人都在质疑这些资金的来源，它们被用于高额的，有时是龌龊的买卖。同样，这个问题的答案已屡见不鲜，非洲人民自己都不再为之感到尴尬。好吧！毫无疑问，一些非洲统治者快速积累的过量财富通常来自非洲的矿产开采、石油开采以及相关活动的收入。

在写这本书时，一些非洲国家元首及其家属正被法国司法机构起诉，或者因非法敛财而受审。试想一下，如果把外国银行里积累的所有资金注入非洲经济，非洲将获得什么样的发展收益。请您想象一下非洲经过50多年的矿产开采所达到的发展水平，以及其他国家在近一个世纪所达到的发展水平。多么可惜！

30年前，许多非洲国家的发展水平与韩国等亚洲国家和巴西等拉丁美洲国家相同。后者以前被称为第三世界国家，现在被称为发达国家或新兴国家，而非洲情况如何？

不幸的是，非洲仍然落后于世界，一直处于不发达状态中。

然而，上帝和大自然赋予非洲的矿产资源比亚洲的更多。那么，为什么30年后，非洲的经济和发展仍步履蹒跚？

起初，上帝平等地给予各种族、文化、社会阶层和地方的人的资源，就是时间。在一天的时间里，您都做了些什么？这些年来，非洲又用这些时间做了什么？

每人每天都有24小时。人与人之间的区别就在于每个人对不可逆转的时间的使用和管理。如果您今天浪费了24小时，它们就一去不返，因为它们现在属于过去。

在这些年的采矿中，非洲未能利用矿物原料的收入来推动其发展。许多非洲政治领导人和统治者只是将这些资金用于个人需要，并未将国家的总体利益放在首位，尽管这些收入来自人民。

诚然，许多原因导致非洲的发展落后，但是财政收入的管理不善产生了很大的影响。

因此，在把所有的挫折与不幸都归咎于他人之前，我们应该首先反思自己，下定决心改变自己的心态。其次，我们必须采取良好的态度，改变我们的行为。事实上，现在那些所谓的发达国家或新兴国家正是理解了时间与经济活动之间的关系。它们已经明白，若要确保经济活动收益、促进经济和发展，就必须合理利用时间。

在您看来，为什么在雇主和雇员之间总因时间问题争辩？当然，因为时间是所有部门业绩和发展的关键。您的报酬取决于您在业务上投入的时间。盎格鲁—撒克逊人有句话可证实我的观点：

时间就是金钱。

如果非洲领导人希望这个大陆摆脱贫困和不发达的深渊，现在是时候改变他们的想法和态度了。这是所有非洲人和所有热爱非洲的人的深切愿望。这是地球上所有渴望发展的国家和大陆的必经之路。我写这本书，也正是为了指出这些弊病。因此，我们有必要谈论这些问题，因为没有任何理由能证明个人可以从公共财产中非法致富。

塞拉利昂为增加其钻石产量付出了相当大的努力。根据官方数据，目前的年钻石出口量约为357160克拉，科伊杜采矿项目的发展将使这个数字增加一倍。随着Octea钻石工厂的建立，这将成为现实。Octea钻石集团的总经理简·朱伯特先生证实，随着该计划的实施，每季度的钻石产量将从10000克拉增至45000克拉。

一克拉钻石的价值在250—400美元之间，所以这一增长预计能带来2亿美元的额外收入。

Octea钻石公司建造了500所房屋来安置村民，修筑防护墙来保护公民免受采矿带来的危险，建造小学和中学来确保儿童的教育，建造清真寺和教堂鼓励居民爱护同胞，从而满足非洲生产国居民的社会和基础设施要求。

Octea 公司还为村里的居民提供饮用水，建立社会医疗中心，让他们在尽可能好的条件下接受治疗和分娩，从而改变村民的健康状况。Octea 钻石公司还表示，所有开采公司的商业政策必须考虑到社会层面。

该公司在村庄附近建立交易市场和商业区，鼓励人们购物、接触城市生活。它正在创造采矿公司、政府和当地居民三者之间相互信任的氛围。

最后，它在科诺区修建了一条长 100 公里的道路，以方便运输和社区间的往来，这为其他采矿公司树立了一个良好的榜样。

这种新的商业方法有利于非洲生产国原住民的发展，具有人道主义特点。对于那些尚未采取该方法的矿业公司来说，它们首先应在当地开展这类社会行动。事实上，为了方便开采矿山，这些原住民愿意放弃自己的资产以及几个世纪以来祖先传承至今的记忆。人们通常不介意把自己的庄稼、田地、村庄交给采矿公司。为了国家的最大利益和当地人民福祉，他们作出了这些牺牲。他们认为，该国和该亚区的所有其他人都应该像他们一样，享受其地下财富带来的果实。

这就是几十年来，被轻视的村民一直要求非洲生产国的所有领导人实现的真正公平的财富共享。

如果这能够实现，非洲将避免许多挫折、叛乱和内战，因为矿产资源分配的不公是这个大陆冲突不断的主要原因。

您也许无法体会，当人们意识到国家在分配国家财富时没有将他们排除在外，会感到多么幸福。

实际行动比口头承诺更重要。同样，科伊杜矿山所在的坦克罗村的首领保罗·萨科先生在 Octea 钻石厂的落成典礼上，为表示感谢发表了以下讲话:

在塞拉利昂的历史上，像我们这样的采矿区首次有机会与采矿公司重新谈判搬迁协议。这也是社区首次直接参与有关项目收益分配的发展协议谈判。

这样的言论令人心潮澎湃。尤其是当它出自采矿活动的直接相关人群的代表之口。

很多时候，农村人口在经济层面被非洲国家的统治阶级所忽视。然而，他们是一个国家和平与安宁的基础。事实上，他们最易受到军阀和动乱者先入之见的影响，从而制造冲突。因为他们大多是文盲，因此容易被操纵。

不幸的是，文盲问题在非洲普遍存在。这主要由于非洲国家还没有像西方国家那样，要求 15 岁以下的儿童接受义务教育。这也是非洲领导人要倾听村民的要求并给予充分照顾的另一个原因。在您看来，如果村庄居民并不重要，为什么非洲政治家们会在选举期间赶到村庄中会见村民？

这只是因为政治家们明白，农村人口是稳定的基础，是经济的基础，是国家的历史和文化记忆。他们是团结、博爱、尊重权威和长辈等非洲传统和价值观的守护者，他们知道世界上许多研究人员所不知道的事情。

当我在法国乡镇和村庄进行研究时，原住民提供了不可或缺的线索，加速了我的早期研究。在非洲领土上，情况也是如此。很多时候，是村里的老人提供了有关矿床或矿区位置的宝贵信息。我之所以提及这一点，是因为父亲也告诉我，在我的村庄坦达村的一座山上发现了黄金的足迹。坦达村位于科特迪瓦东北部的库阿西—达特克罗县。因此，强烈建议探矿者在开始工作前，先拜访待开发地区的知名人士和村长。事实上，这些人掌握着一些可以改变整个地区或国家人民生活的采矿秘密。村庄中的非洲人民是不容忽视的。

这些知名人士和村长是一个国家的历史、文化，有时甚至是经济发展的保障。正如一句非洲谚语所说：

老人是活书本。

钻石仍是一种特殊的矿物，世界各地都有钻石需求。当然，它明亮耀眼，如此奢华，以至于人们常常害怕刮伤或弄坏它。但实际上，根据莫氏标度，它是一种矿物硬度标准，钻石是地球上最硬的矿物。因此，它得以应用于石油业和采矿业。

由于其硬度，它是钻头的主要组成部分，还被应用于矿区的钻石钻探。

另外，钻石的闪亮光泽是使其在挑剔的珠宝部门享有盛誉的品质之一。各奢侈品和时尚品牌、公司都在争夺钻石。今天，它们在入股和投资矿业公司方面不再犹豫。因此，这些品牌和公司成了从地下生产或提取钻石的首批直接受益者。

在塞拉利昂，世上最著名的珠宝商蒂芙尼公司就采取了这种做法。它参与了科诺区 Octea 钻石公司的社会行动，通过与 Octea 签署的捆绑协议，以确保能够参与到科伊杜采矿项目中。正是在这种新的参与性视角下，其副主席安迪·哈特先生于 2011 年为科诺医疗社会中心揭幕。

除了已提到的生产国，安哥拉还拥有冲积矿床，甚至离岸矿藏，如纳米比亚。事实上，这些矿床很复杂，因为它们需要大量投资，即船舶、地台和机动泵，用于提取水下几十米沉积层下的含钻石的砾石。目前，在采矿业，只有像戴比尔斯公司这样的大型集团有能力应对这样的财政投入、后勤支持和技术挑战。

经过观察，很明显，这些矿业公司在开采离岸钻石矿藏时面临的挑战可能与石油工业面临的挑战相似。

钻石矿床广泛分布于整个非洲大陆，已经开采了几十年。

在这种情况下，自 1910 年安哥拉开始钻石开采以来，已有一个多世纪了。与其他非洲国家不同，安哥拉的大部分钻石矿位于首都罗安达北部。这也是罗安达被称为外籍人士眼中最昂贵城市的原因之一。再加上石油工业相关的活动，其成本将会更高，因为石油工业是安哥拉经济的主要资金来源。此外，安哥拉是撒哈拉以南非洲地区继尼日利亚后石油产量最高的国家之一。

除罗安达外，与刚果民主共和国接壤的北隆达等省也在钻石开采方面取得进展。例如，位于卢洛的卡托卡矿是世界上第四大钻石矿。

2016 年，经营该矿的澳大利亚矿业公司卢卡帕宣布，它发现了安哥拉最大的钻石，重量为 404. 2 克拉，长度为 7 厘米，价值估计为 1280 万欧元。

该国拥有 100 多个高质量小型钻石矿，所以开采的钻石有 80%仅供珠宝业使用。这一特点证明了钻石在安哥拉内战期间所发挥的作用。顺便说一句，因为钻石在战争融资中发挥了作用，所以“血钻”一词最早出现于安哥拉。

事实上，战争开始前，安哥拉的合法钻石产量估计为每年 200 万克拉。冲突爆发期间，产量变为 30 万克拉，而今天它达到了 700 万克拉。由这些数字可知，战争期间官方产量急剧下降。造成这种差异的原因是，钻石是由叛乱团伙非法开采的，他们不受控制，无法追溯其踪迹。他们把钻石卖给矿业公司后，为自己采购武器。因此，矿业公司以低价购买钻石，并在世界市场上以高价出售，这是一笔相当划算的交易。为了避免这种做法，规范世界各地的钻石出口，联合国在 2000 年 12 月的大会期间通过了一项决议，建立了一个管理体系。这就是“金伯利进程”。它是一个认证系统，可以追踪钻石，确定钻石来源，并禁止为战争筹资而出售钻石。迄今为止，除了世界上大多数钻石生产国以外，约有100个国家加入了这一进程。它们约占世界钻石产量的99.8%。欧盟作为主要的钻石消费国，于2003年批准了该条约。

非洲的钻石潜力巨大，令人垂涎。这就是为什么在钻石生产处于金伯利进程禁运之下的国家行列中，非洲国家占据最多的位置。非洲还拥有世界上最大的钻石，被称为“库里南钻石”，1905年发现于南非。它的质量为3106克拉，相当于621.2克。目前，它的主要分割部分镶嵌在英国的权杖和帝国皇冠中。这两颗珠宝都被精心保存于伦敦塔。2015年，博茨瓦纳发现了一颗重达1111克拉的钻石。它是库里南钻石问世的一个世纪后发现的最大钻石。需要注意的是，“克拉”是一个比克更精确的计量单位，它被用于衡量钻石、黄金等宝石的重量。然而，珠宝中的克拉（1克拉=0.2克）和珠宝店中用来估计黄金、铂金、银等纯度的克拉（纯金属在黄金合金中的比例）是有区别的。所以，钻石越大，每克拉钻石的价格就越高。钻石并没有线性价格尺度（图17）。它的价格取决于其重量的稀有程度和几个质量标准，特别是颜色（H）和清晰度（SI）。这就是为什么珠宝店中的钻石被命名为HSI。0.25克拉的HSI钻石

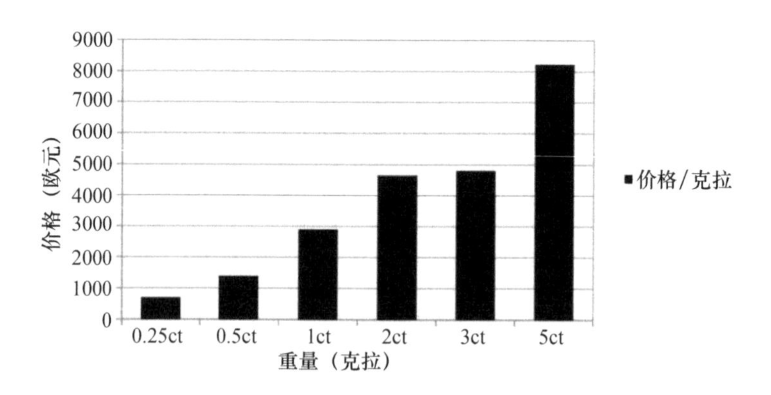

图17　根据钻石重量，一克拉HSI钻石的价格变化（Vivalatina珠宝，2018）

价格低于1000欧元，而1克拉的钻石价格将高于2000欧元，5克拉的钻石价格将高于8000欧元。

所有都可以进一步证明非洲的特殊矿物财富令人印象深刻。非洲的底土蕴藏着太多矿物。非洲自身过去没有意识到这一点，但现在越来越多的非洲国家开始意识到这个事实。世界各地的人们正通过书籍、回忆录、研讨会发声，使其他人了解到这个富裕的大陆仍有可能从极端贫困的泥沼中脱身。

然而，要真正意识到这一点，还需要个体的不断发展。这就是为什么我强调本书也起到了激励读者的作用。

的确，要想改变一个人及其行为，首先必须改变他的思想。个体获得自由的斗争始于思想层面。这个过程发生于人的内心，而不是在外界环境中。您在一个人的外在行为中所看到的，只是他内心的投射。如果一个人的思想中充斥着积极的情感，那么他在日常生活中也只会给周围展现出积极的一面。若他被仇恨情绪所驱使，他只能对他的同胞做出恶劣、有害、值得谴责的行为。

随后，我意识到，若非洲人民积极地改变自己的心态，那么他们也会改变自己的不良行为。在这个大陆上肆虐的破坏行为、腐败、混乱和战争将转变为有助于和平、尊重共和国制度、发展社会经济和基础设施的行动。

七　坦桑尼亚的氦

非洲矿产资源的多样性不停地带给人们惊喜。这里有着各种矿物和未被发现的稀有矿物原料，比如氦。

2016年6月28日，英国牛津大学和达勒姆大学的英国研究人员以及挪威公司Helium One宣布，他们在坦桑尼亚发现了一个巨大的氦矿床，储量估计为15亿立方米，位于著名的大裂谷，以其非常活跃的火山活动而闻名。在如此复杂的地质环境和活跃的火山中，氦气究竟是如何集中的？

杜伦大学地球科学系的研究人员迪维娜·德那巴伦在日本横滨举行的戈德施密特地热会议上解释说：

> 我们证明，裂谷中的火山在氦储备的形成方面发挥了重要作用。火山活动产生了释放大陆地壳岩石中积累的氦气所需的热量。

在大裂谷发现这样的氦矿床并非巧合，因为这里是非洲的一个战略矿区。我先前提到地球表面不同类型的沉积盆地时提到了这一点，还说过包括山谷在内的大陆裂谷属于与构造板块辐散区相关的沉积盆地群。

事实上，正是这条裂谷催生出中非地区的大型湖泊，大湖区这个名字也由此而来，用来指代所有围绕这些河流的国家，其中包括刚果民主共和国、坦桑尼亚、乌干达和其他国家的地质区。这些国家的采矿潜力也部分源于沿裂谷的大湖。大裂谷是一个富含矿物原料的地质区。它吸引了众多跨国公司，它们将其视为一个非凡的矿业储备。Helium One 公司证实了我的观点。在发现这个巨大的氦矿床后，它在其网站上说：

> 裂谷是一个充满氦气的地区，在全球范围内具有重大意义。

这一声明证实，大裂谷是采矿公司希望的焦点，也是裂谷沿岸非洲国家的希望。

氦是一种无色无味的惰性气体，比空气轻，属于昂贵气体或稀有气体。它是地球上最冷的气体，温度估计为 -269℃。这个温度离物理学家和化学家所了解的绝对零度不远。它具有挥发性，因此很难像大气中的氢气一样被储存和发现。诚然，氦是宇宙中仅次于氢的最丰富的元素，但它依旧罕见。在自然状态下，它不容易找到，因为它的主要生产来源之一是太阳。“氦”（hélium）这个词正是来自太阳，在希腊神话中，它指代希腊的太阳神 Hélios。

考虑到太阳这颗炽热的恒星周围有着令人难以忍受的高温，以及我们与它之间存在巨大的距离，在太阳周围获得氦气几乎是不可能的。

因此，地球是获得氦气的最终手段，因为氦气存在于与石油相关的天然气矿床中，至今我们仍在用低温方法提取氦气。

虽然相比银河系，在地球上更容易获得氦，但它仍非常罕见。由于其稀缺性，15 年间，氦气的价格已经上涨了 500%。它被少量发现于碳氢化合物的开采中，并存在一定危险性，被认为是石油和天然气公司的额外发现。不管怎么说，这些公司能够发现氦对它们来说也可喜可贺。然而，考虑到对氦气的需求日益增长，这种气体的微小储量将无法满足。因此，2010 年，面对对氦的迫切且日益增长的需求，1996 年诺贝尔物理学奖得主、美国人罗伯特·理查德森等人发出警告，若情况保持不变，到 2035 年可能会出现氦的短缺。在坦桑尼亚发现的矿床就给人们带来了新的希望，并带来了新的氦开采热潮。它的特殊性在于它是最早拥有纯氦的矿床之一，不需要使用低温技术，从而不需要提取天然气的相关费用。

根据美国地质调查局（USGS）的数据，2015 年每立方米氦气的价格估计在 3—7 美元之间，这一矿藏的价值将达到 45 亿美元。它将足以为世界提供 7 年的氦。我希望这些数字可以让您体会到这个珍贵矿藏的巨大规模以及它带来的希望。

牛津大学教授、研究小组成员克里斯·巴伦廷也抒发了自己的这种感觉和希望：

> 这将改变未来社会的游戏规则，以确保社会对氦的需求。

她对这个矿床的潜力深信不疑，并补充道：

> 我们采集了从地球表面冒出的氦气和氮气的样本。

您现在应该知道，氦是一种高度战略性矿物。如果您认真阅读至此，也应该知道战略性矿物对一个国家意味着什么。尽管如此，我还是要一再强调，因为重复是完善理解和加强记忆的一个不可或缺的方法。

一种矿物被归类为战略性矿物，必须对一个国家的经济、社会和安全起到重要作用，同时能够满足人民的基本需求。这些需求往往是获得医疗保健和电、气、暖气、燃料与饮用水等能源，还包括在健康安全的环境中生活。所有能使人民获得发展、生活舒适且容易获得基本生活需要的矿物都被认为是战略性矿物。

如果您仔细阅读我所写的内容，就很容易理解为什么某些发达国家准备在不同的大陆发动地缘政治和经济斗争，以获得石油和矿产资源。因此，许多人说，国家之间没有友谊，只有利益。事实上，某些矿产的战略性有时引导着大国的生存本能。一般来说，它比国家之间的友谊更加重要。美国比其他西方国家更早地明白了这一点。

事实上，美国得克萨斯州的阿马里洛附近有一个联邦氦储备。它的潜力占目前世界需求量的25%—30%，即大约6.8亿立方米。这并非偶然。事实上，世界每年的氦气消费量为2.2亿立方米，美国是最大的氦供应国。但是，为什么氦如此具备战略性?

这个问题的答案在于氦的多种用途。它具有强大的冷却能力，使其在航空航天、医学成像、电子、核工业和低温学等科学研究领域颇受欢迎。

在医学领域，由于氦气的存在，磁共振成像（MRI）在医院中的应用大获成功，已经不可或缺。氦被用来冷却医疗扫描仪的大型磁铁，有时根据扫描结果，医生不需要给病人进行危险又昂贵的手术。因此，医疗部门消耗了世界上很大一部分的氦产量。

根据 Technavio 进行的一项研究，2015 年大约有 5700 万立方米的氦气专门用于医疗领域。预计到 2020 年，医疗领域对氦气的需求将以 7% 的平均增长率增长。这并不奇怪，因为中国、印度和巴西等现已成为新兴国家，它们正在医学领域迎头赶上。随着人口购买力的提高，它们正以惊人的速度为其医院配备核磁共振装置。相信我，无须羡慕那些发达国家，这些医院购入的机器是最先进的。

在核工业中，您是否听说过核电站中反应堆的冷却？没错！因为氦的温度低，所以使用氦气起到部分冷却的作用。氦气的最新应用发生于 2011 年 3 月 11 日的工业事故后，福岛核电站反应堆使用氦气进行冷却。需要提醒的是，日本海岸发生地震和海啸后，这次事故影响到了这座核电站的 4 个反应堆。

起初，核电站的反应堆配备有冷却系统以确保正常运行。不幸的是，这次事故破坏了反应堆的冷却机制，反应堆不可避免地升温和熔化。反应堆由铀和氚等对人类有剧毒的元素组成，因此反应堆故障会不可逆转地向空气中排放放射性和有害元素。这个事故与 1986 年乌克兰切尔诺贝利的列宁电厂事故危险程度相当。面对这样的灾难，当务之急是立刻冷却反应堆。这是阻止放射性元素释放的唯一方法。要做到这一点，就必须使用氦气。它在遏制日本这次卫生和环境灾难方面发挥了决定性作用。

在航空航天领域，氦气也被用来冷却发射火箭、航天飞机和卫星的反应堆。由于它比空气轻，也被用于儿童乐园的漂浮气球中。此外，氦气的作用类似于将热气球推向高空的热空气，因为热空气比冷空气更轻。

现在还出现了一个新的趋势，那就是吸入氦气后人的声音会发生变化。因为氦气比空气轻，它将使音速从空气中的 340 米/秒增加到氦气中的 1020 米/秒。所以，当人吸入氦气时，声音从口中发出的频率更高，导致声音变得尖锐。

氦气的另一个主要应用之一是低温学。低温学包含研究和生产低温，即低于 -150℃ 的温度，以了解在极端温度条件下发生的物理现象。因此，低温学的主要应用之一是石油工业中通过天然气管道远距离运输天然气。

天然气通过氦气冷却而液化，然后用管道从生产区运输到加工区和销售区。美国就是用这样的方式通过海底管道从中东和近东国家获得天然气供应的。法国也是这样通过阿尔及利亚国家油气公司和俄罗斯天然气工业股份公司的管道获取这两个国家的天然气的。

氦气获得应用的另一个热门领域是电子业。由于其低温，它被用来为制造光纤创造特定的环境。如果您是一个社交网络用户，并且了解互联网对媒体和当今世界的影响，就会更好地理解光纤对我们这一代人的意义。在这个时代，没有光纤就没有高速互联网，也就很难实时了解世界上发生的事。2017 年，地球上有超过 10 亿人，即世界人口的 1/5，有 Facebook 账户，它是 21 世纪最好的社交网络之一。然而，要想有效地使用社交网络，必须保证良好的网络连接，这就需要安装光纤电缆电信网络。

同样，许多公司的经济活动与互联网有着内在联系。所以，若想提高竞争力、推广产品，最重要的是在全世界售卖其产品，就必须购买光纤。此外，随着电子商务惊人的发展，越来越多的购物以线上方式进行。这就是亚马逊、阿里巴巴等商业网站的特殊性。

在您知道氦气是制造光纤的必需品后，是否能够更好地理解它高度的战略性，以及拥有足够氦气储备的必要性？相信您会给出肯定答案。因此，诸如坦桑尼亚氦气矿床的开发对于非洲来说是一次机会。

在汽车领域，氦气被用来制造安全气囊。发生事故时，通过爆炸性的化学反应，氦气或空气会被注入安全气囊。如果您知道世界上每天或每年生产多少辆汽车，就会知道汽车行业为了确保人员的安全需要消耗多少氦气。所有数据都显示出氦气的重要性。这反而揭示了坦桑尼亚目前的地缘战略地位，因为它拥有氦矿床。

因此，从本书开篇我就反复强调，非洲是一个富裕的大陆，在不久的将来，世界将不得不与之良性合作、交流。此外，非洲人逐渐意识到其底土中蕴藏的财富，并希望充分利用它。显然，这片大陆觉醒后开始崛起，并希望抹去自独立年代以来的黑历史。非洲正逐渐从灰烬中重生。正如有些人所说：

非洲回来了，拭目以待。

第三节　地球物理和地质图下的非洲自然和采矿倾向

在地球科学领域，图像在解释复杂的地质和地球物理现象时发挥着重要作用。许多图形学概念在地球科学领域十分常用。我们经常在各种辩论中听到下面这句话：

行动比言语更重要。

同样，在地球科学领域，图像比用成千上万个理论解释化学、数学公式更容易让人理解。因此，在工程学院的地球科学课上，更多地教授地球物理或地质信息制图。

这种信息制图被作为学生的补充学科，以对未来采矿和石油管理人员进行培训。

考虑到这一点，在本书的最后部分，我将通过地球物理和地质图来突出非洲的采矿潜力。它们可以证实我在本书中一再强调的观点。

在勘探者或地质学家观测到矿点后，会在此运用地球物理科学这一技术方法。它们发挥着必不可少的作用，原因如下。

首先，大多数地球物理方法是非侵入性的，不一定需要钻探或挖掘来发现隐藏的矿藏。它们可以预防和规避勘探或侦察钻探成矿地质目标时的出错风险，因此，可帮助采矿和石油公司避免亏损。

其次，它们能够提供可量化和可测量的结果。也就是说，我们可以借此获得寻找的地质对象的地球物理特性以及在地下观察到的不连续现象的准确强度。通过测量地下的地球物理特性，我们可以制作地球物理异常图，它反映了某一地点深层结构的实时状态。

一般来说，底土分布是均匀的，不会包含不规则的空间或区域分布。因此，地球物理测量过程中记录的所有异常情况往往与某种矿物质或矿石的异常浓度有关。这种异常现象也可能意味着地质断层的存在，这种断层中可能含有矿物或矿床。

因此，地球物理学方法好比医生对孕妇的腹部进行超声波检查，它旨在扫描底土，并在进行钻探的情况下制成地底的超声波图像。有人说，地球物理学是将不可见的东西可视化，省去了挖掘或钻探。

经过计算机处理，地下地球物理测量所得的结果表现为地球物理异常图。它们显示出矿物集中区和寻找矿物矿床的重点区域。随后，地球物理学家和地质学家将这些地球物理异常图当作勘探的指南针。在接下来的段落中，我将会分析非洲的一些磁力异常图、重力异常图以及地质图，它们都清楚地表明非洲是一个矿产资源堡垒。

一　磁异常图：观察非洲和南美洲地质克拉通采矿结构的窗口

说到磁异常图，就必须提及磁场起源。

磁场可以源自永磁体、电流以及电场的时间变化。后两种来源是由电流引起的，而前者是自然产生的。

在采矿研究中，需要考虑的是地球上的磁化材料自然产生的磁场，也被称为平均地球磁场。

其实，地球可以被看作一个可产生磁场的巨大磁铁。这个磁场保护它不受太阳风（磁暴、太阳耀斑等）的影响。太阳风是由太阳上层大气喷出的离子和电子组成的等离子体。地磁场是如何产生的？

事实上，地心是由铁和镍组成的。这些金属元素与贯穿地心的对流相结合，产生了一个天然的地球磁场。从物理学角度看，这个磁场用连接两个地球极点的平行同心线表示。因此，我们所说的“磁极”，是指磁场线退出和进入地球表面的地点。

然而，磁极与地极不同。地磁场使罗盘针向地理北极转动。实际上，地理北极与地磁北极相对应。这两个极点经常发生混淆，因为它们之间的距离不远。那么，磁异常图从何而来？

它们来自玄武岩等富含铁磁性矿物的岩石的化石化或对地球平均磁场的记录。

根据定义，铁磁性是指一个物体在外部磁场的影响下被磁化后，继续保留磁化状态而具有磁性。

最常见的铁磁性元素是铁、镍、钴、稀土（技术金属）以及很大一部分金属矿石。

磁场和地球上的物质之间的交流也涉及磁感应度的概念。磁感应度是反映了地球物质和磁场之间相互作用的物理量，表示一个地球上的物体在磁激励下被磁化的能力。它是一个可量化的、无量纲的物理量。

因此，某些地球材料或金属体拥有更高的磁感应强度。例如，水的磁化速度比碳更快，因为它们的磁感应强度分别为 -1.2×10^{-5} 和 -2.1×10^{-5}。铜的磁化能力比铝低，因为它们的磁感应强度分别为 -1×10^{-5} 和 2.2×10^{-5}。铁的磁化速度比镍和钴更快，因为它们各自的磁感应强度估计为 200、110 和 70（表 5）。

表 5　地球上物质的磁感应强度

物质	铋	碳	水	铜	真空	氧	铝	钴	镍	铁
磁感应强度	-16.9×10^{-5}	-2.1×10^{-5}	-1.2×10^{-5}	-1×10^{-5}	0	0.19×10^{-5}	2.2×10^{-5}	70	110	200

因此，我们可以清楚地看到地球磁场、磁异常和金属矿石之间的联系。

地磁场跟随时间变化。正常情况下，它朝着电流磁场的方向，它朝向相反方向则属于异常情况。

根据定义，磁异常也源于大洋地壳的玄武岩将磁场化石化。因此，金属材料或富含磁性矿物的岩石会引起正异常或负异常，它们是磁异常的两种表现。

首先，正磁异常是玄武岩在与当前磁场相同的方向上冷却时磁化的结果。在这种情况下，玄武岩的磁场和地磁场相加。反之，负磁异常是玄武岩在磁极反转的过程中与当前磁场相反的方向磁化。

其次，正磁异常对应的是局部磁场变化值比该地区的平均地球磁场变化值更高。反之，局部磁场变化的强度低于该地区的地球平均磁场，属于负磁异常。

更准确地说，当某一地点测量的磁场强于平均地磁场时，磁异常是正向的，而当测量磁场小于平均地磁场时，则是负异常。这意味着，磁异常是在某处测得的磁场与该地区的平均地磁场之间的差异。根据其差异，分别被称为正磁异常或负磁异常。

磁场靠特斯拉计测量。其测量单位是特斯拉（T）或高斯（G）。它也可以靠磁强计来测量。一般来说，平均地磁场在30μT和60μT之间变化，1μT等于10^{-6}T，1T等于10000G。举个例子，法国中心的磁场值估计为47μT。因此，任何不在此测量范围内的磁场值都是异常情况。这种情况经常发生，因为地磁场的强度在地球表面会发生变化。事实上，这种变化具有科学意义。在地球表面观察到的现象只是地球上的物质和地球内部发生的地质现象相互作用的结果。

同样，这些正或负的磁异常反映出磁化块或铁磁体的存在，它们影响着平均地磁场。从上述情况可推断出，所有正异常都意味着超出正常的金属矿石的存在。

因此，通过世界磁异常示意图（图18），特别是非洲和拉丁美洲的磁异常图（图19），很容易有一些发现。

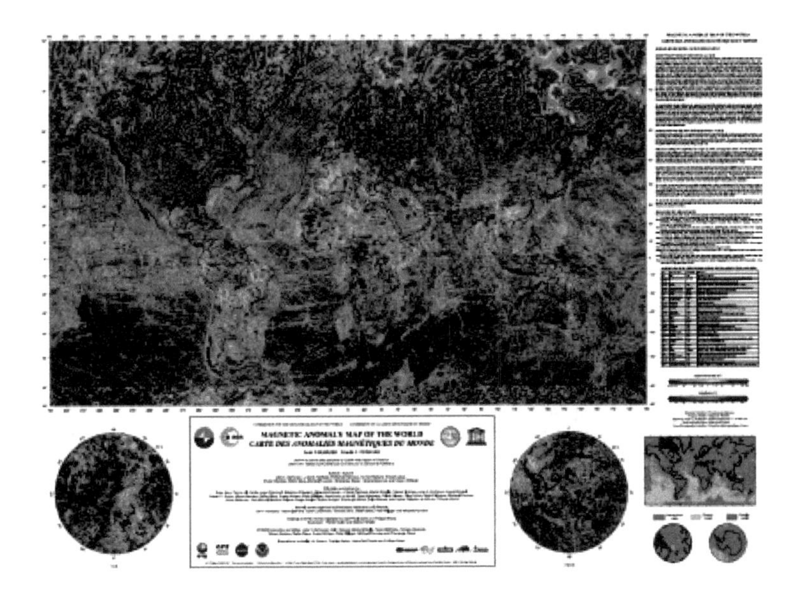

图18　世界磁异常示意图（J. V. 科罗奈等，2007）

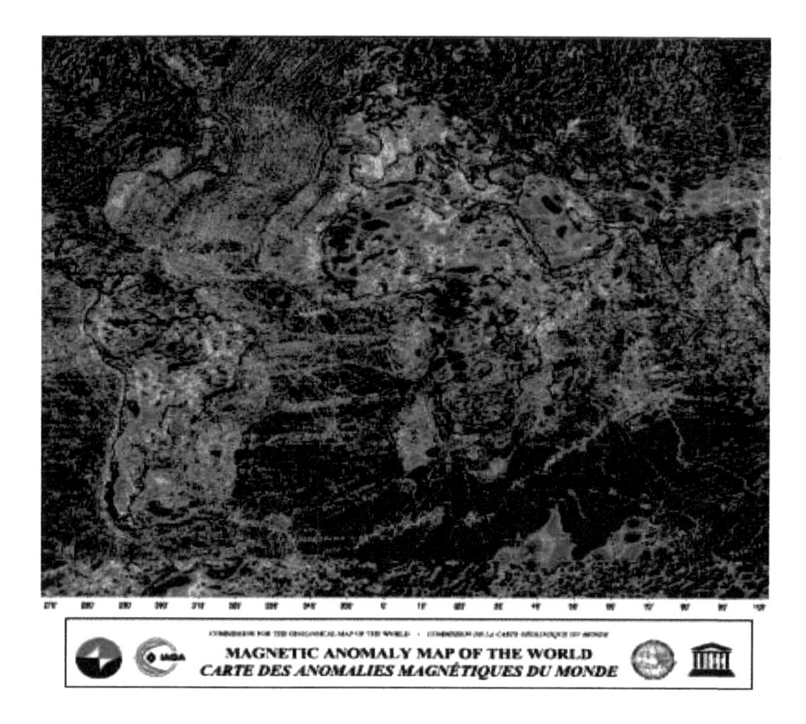

图 19　非洲和拉丁美洲的磁异常图（J. V. 科罗奈等，2007）

其中最引人注目的是整个非洲大陆存在着明显的纵向结构，特别是在西非克拉通、刚果克拉通、卡拉哈里克拉通甚至尼罗河克拉通。这些西南—东北方向的纵向结构，其磁场强度大于 20nT ［1 纳特斯拉（nT）$=10^{-9}\mathrm{T}=10^{-3}\mu\mathrm{T}$］，这让我想起在谈论金矿时讨论的西非克拉通的火山沉积褶皱。在拉丁美洲的圭亚那和巴西克拉通上也观察到了相同的结构，它延续了西非的纵向结构。20nT 的强度相当于 $2.10^{-2}\mu\mathrm{T}$，远远超过平均地磁场的范围。因此，这些纵向结构揭示出一个强烈的正磁异常。

对刚果克拉通磁力图的分析表明，非洲这一地区的克拉通是名副其实的“地质丑闻”。

图 20 显示出一个大型的地质结构，也就是一个正磁异常。因此，这个克拉通和大湖区的大多数国家有丰富的金属矿石和普通矿

物原料，这并非巧合。

在这张地图上，还可以看到中非共和国著名的班吉磁异常的特征。这是在全球表面观察到的最大的磁异常之一。构成这个磁异常的两个磁力异常点分别对应中非的奥陶纪单元和东部的博古因—瓦萨链。此外，中非共和国以其丰富矿藏和众多金属矿、战略矿而闻名。

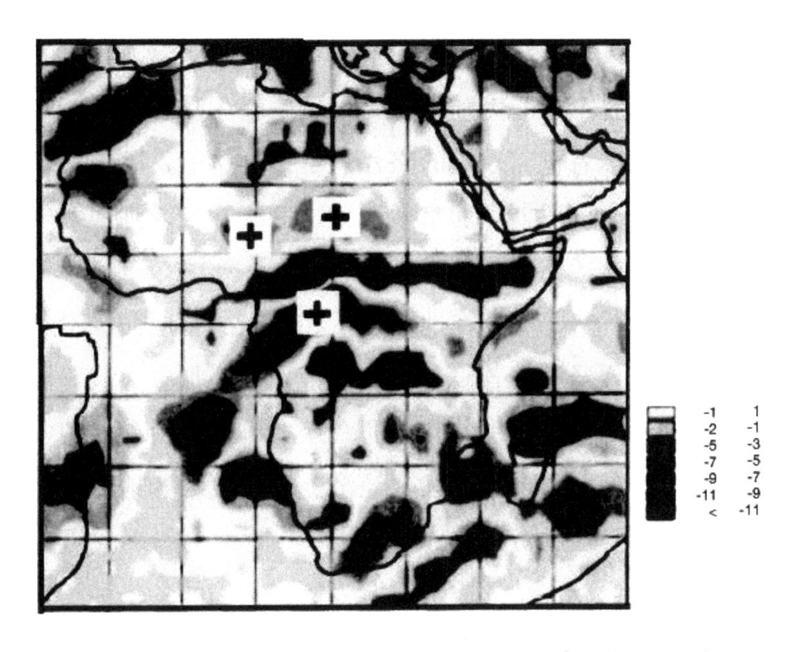

图 20　磁场卫星测量的非洲磁异常地图，显示出中非共和国班吉的正磁异常（伊夫·阿尔布伊，2012）

卡拉哈里克拉通也是如此，它的正磁异常强度同样给矿工带来希望。

卡拉哈里克拉通是金属矿资源最丰富的地区之一。如果您仔细读了我所写的内容，就会注意到，南非一直是非洲和世界上第一大采矿国。无论是黄金、铂金还是其他金属矿，南非在非洲和全球范围内的采矿生产中都处于领先地位。没错！这是因为它所处的卡拉哈里火山口拥有丰富资源。其邻国博茨瓦纳、莱索托、津巴布韦、斯威士兰、莫桑比克和纳米比亚也是如此。

若您仔细观察非洲和拉丁美洲的磁异常结构，就会发现它们看起来非常相似，且连续性相同。这表明，两个大陆采矿潜力和命运极为相似。这也是非洲在矿产方面相较于拉丁美洲的特别之处。

非洲将凭借其丰富的矿产资源继续吸引发达国家的跨国公司和地缘政治家，因为他们需要这些矿产。这一点是显而易见的，原因是有亮点，主要涉及经济层面。

首先，非洲是个中心大陆，即处在从一个大陆到另一个大陆的十字路口，这意味着仅需较短的路程就可以在这里获得矿物原料。

其次，相比于俄罗斯、加拿大和美国这些开采受到很多气候限制的国家，非洲交通便利，气候较温和。

由于这两个优势，非洲在地缘政治和地缘战略层面吸引着西方世界，影响着世界经济。若没有非洲，俄罗斯、加拿大、美国、澳大利亚和中国则是世界上少数几个拥有众多矿物原料矿藏的发达国家或新兴国家。然而，由于气候、经济、地缘战略和地缘政治，它们并未充分利用自己的资源。

在气候方面，以加拿大或俄罗斯为例，它们的冬季漫长且伴随着极端气温，需要有愿意在这种条件下工作的合格劳动力。因此，在加拿大，联邦和省当局经常谈论北方计划，以鼓励职工和管理层放弃西部大城市的便利设施，去往这些寒冷地区工作。

在经济方面，这样的严寒气候需要巨大的技术和财政手段来支持矿产资源的开采，但这可能会影响项目的盈利。在这种情况下，人们不得不从其他地方寻找矿物原料供应。如今，能源和矿产资源问题已是国家大事，是大国生存的必要条件。

从地缘战略和地缘政治的角度来看，这些发达国家有必要定期从其他国家采购矿物原料，不使用自己的资源。实际上，当其他国家的矿产资源供不应求或已完全开采时，这些资源将被用于满足未来需求。这就是为什么西方国家经常使用地缘战略和地缘政治手段为近东、中东、拉丁美洲和非洲供应物资。综观各地，非洲在采矿、经济和安全方面是最易入手的，风险最小。

二　重力异常图：证实非洲矿产潜力的进一步证据

提及重力图，必须首先知道在采用这种地球物理方法时所测量的物理量及其对采矿或石油研究的影响。

根据定义，重力测量法是一门地球物理技术，用于测量和绘制地球引力场或重力场的变化。

引力场和重力场以不同方式反映了同一个地球物理量。然而，在进一步研究之前，必须了解重力和引力之间的细微差别。

根据万有引力理论，引力是某一质点对另一质点产生的吸引力，重力则是在地球或另一天体附近对任何拥有质量的物体所产生的吸引力场。该理论指出，质量为 M_c 和 M_d 的两个物体被强度相同但矢量相反的两个力 $F_{c/d}$ 和 $F_{d/c}$ 吸引，该引力的大小与它们质量的乘积成正比，与它们之间距离的平方 r^2 成反比，即：

$$F_{e/d} = F_{d/c} = G_0 \frac{M_c M_d}{r^2}$$

作用力 $F_{c/d}$ 和 $F_{d/c}$ 的单位是牛顿（N），质量 M_c 和 M_d 单位是千克，两个质点之间距离 r 的单位为米，$G_0 = 6.673.10^{-11} m^3/kg/m^2$ 是重力常数。

因此，重力是万有引力的主要组成部分。

从另一个层面说，重力是一个加速场，通常被称为 g 或 g_0。它在地球表面，即在海拔 0 处的数值为 9.8m/s^2 或 9.8N/kg，有时有人将它四舍五入为 10N/kg。它也可以用加尔（Gal）表示，1m/s^2 = 1N/kg = 100Gal。然而，这个数值在地球表面并不是恒定不变的。

因此，重力测量法将测量其在地球重力场中的空间变化和不规则性。事实上，重力仪测量的是重力加速度。

因此，重力测量法是一种地球物理勘探法，有助于在常规勘测或采矿和石油勘探过程中发现底土中的密度和质量异常。

一般来说，质量、密度异常有着地质起源，并非偶然发生。任何局部的重力变化是由于地球自转引起的纬度变化，或是由于地球两极的扁平化，或是由于陆地潮汐，或是由于测量点的高度和地形的差异，或是由于地质体（山、坑）的空间分布不均。

因此，在给定地形上观察到的重力场理论值与测量值之间的任何差异都是重力异常。重力异常图证实在重力差异的基础上绘制，供探矿者在研究工作中使用。

我们曾观察到几个重力异常现象，其中最著名的是布格重力异常，它在采矿和石油勘探中的应用无可争议。

根据定义，参考椭球体上某一点出现的布格重力异常是现场测量和校正的地球重力场与已知理论重力场之间的差值。

我不赘述参考椭球体和大地水准面之间的巨大差异（图 21），我们只需要记住，这两个概念是地球的标准和理论代表模型，根据这些模型修正实地重力测量。

在地球表面观察到的布格重力异常的强度差异与岩石的密度以及矿化地质结构（断层或地质克拉通等）的存在有关。

布格重力异常有助于在火山口底部被地面覆盖而无法进入的地区监测地质构造和矿化结构。比如，在海洋底部、冰川下或沙漠的沙子下发现岩石基底。

今天，得益于重力测量法，可以对几内亚湾和非洲地质克拉通开展石油勘探。它是探索非洲克拉通的救星，因为非洲克拉通常因西非和中非潮湿的热带气候而被土壤掩盖。我们还可以用重力测量法调查撒哈拉、萨赫勒和卡拉哈里的大片沙漠沙地以及它们所覆盖

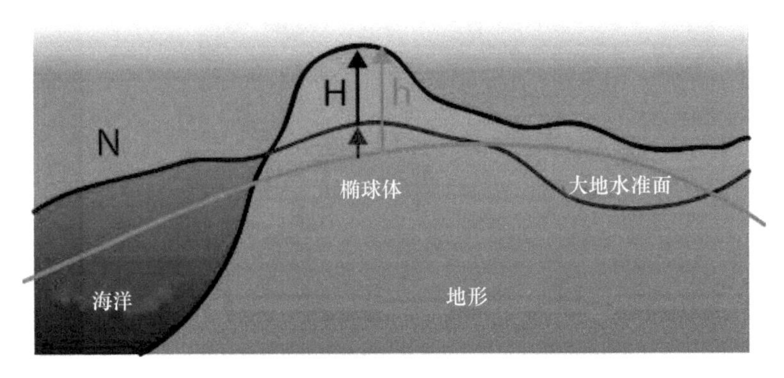

N：大地水准面起伏
H：大地水准面的高度
h：椭球体的高度

图 21　参考椭球体和大地水准面之间的差异

的岩体。

正确解释重力图需要了解所测得的异常强度的变化范围。例如，布格重力异常值的范围在 -300—300 mGal 或更多，这取决于地质环境。因此，布格重力异常较强的地区往往出现正数值，反之，则是负值。

具体来说，在采矿研究中出现正向布格重力异常一般与密度大于岩石平均密度的矿石或矿体有关。所有金属矿石，即铁、钴、钶钽铁矿、铜、锌、铅、金、铂等都是如此。

密度低于平均密度的负布格重力异常通常归因于盐类、钾盐、空洞或断层，因为它们可以作为油气的储集岩或储层，如盐穹和盐底辟。

然而最重要的是，不应将在大陆上发现的强正布格重力异常值与在洋底发现的重力异常值混淆。玄武岩富含铁，因此密度非常大，海洋地壳主要由玄武岩组成，所以会出现重力异常。

世界布格重力异常图（图 22），特别是非洲和拉丁美洲的重力异常图（图 23）也证实了我对非洲矿产开采的看法。

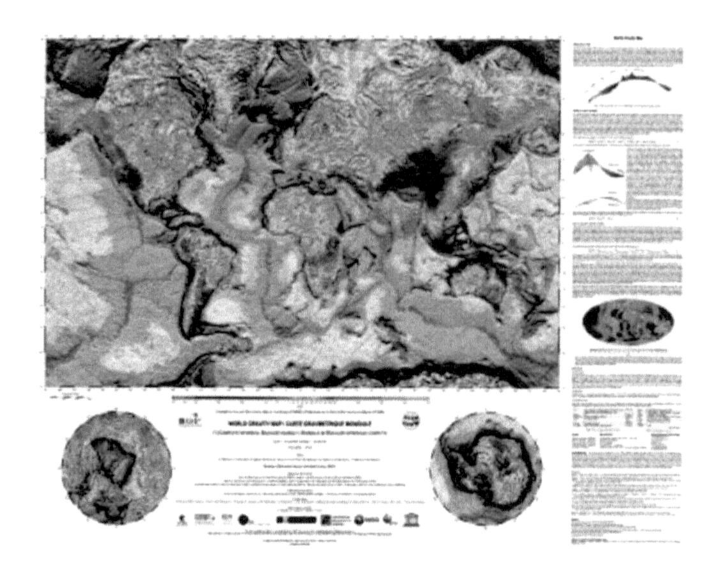

图22 世界布格重力异常图（S. 邦瓦洛特等，2012）

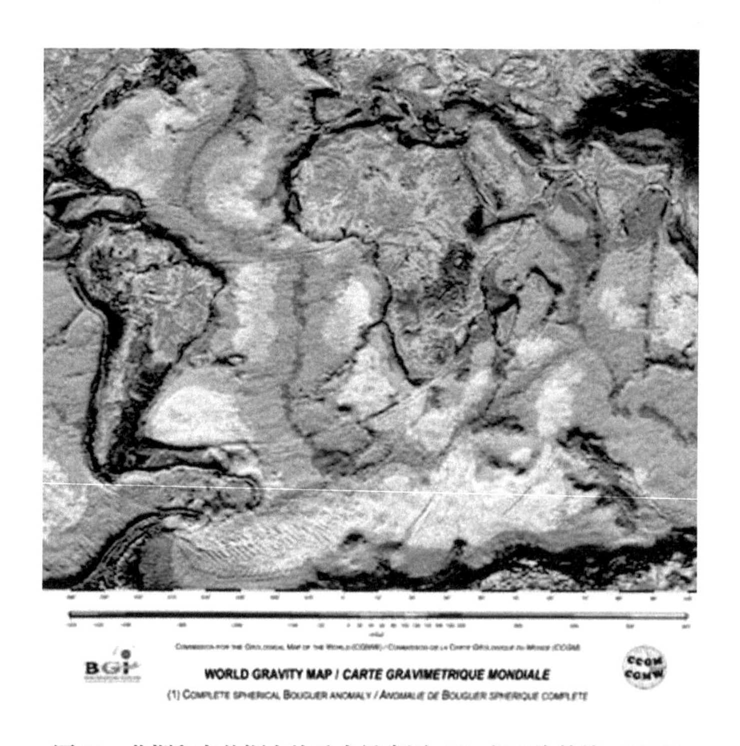

图23 非洲和南美洲布格重力异常图（S. 邦瓦洛特等，2012）

经过分析，可以全面了解高密度和低密度地区，它们可能分别含有金属矿石或碳氢化合物。

首先，简单观察这些地图，很容易识别玄武岩海床、深海沉积盆地以及大陆与海洋之间过渡的大陆边缘。因为它们的布格重力异常值很强，一般在 120—600 mGal 之间。正如先前提到的，这些高数值源于大洋地壳中密集的玄武岩。可以在这些地区加强石油勘探，因为在玄武岩海床上有大量的沉积物，密度低，可能含有碳氢化合物。

其次，这些地图还显示，在非洲和拉丁美洲不同的地质克拉通处，布格尔重力异常值很强，而且呈正值，范围在 20—120 mGal 之间。这意味着在这些地区有高密度的岩石，因此能够容纳高浓度的金属矿石。此外，若分析西非和拉丁美洲海岸和克拉通的重力特征，就会发现它们具有可比性。因为这两个区域曾经是相连的，两者重力异常值的范围大致相似。这些重力数据再次证明，这两个地质域具有相同的矿物系统和潜力。

最后，在这张地图上还可观察到一个微弱的纵向重力特征，负布格重力异常为负值。它们的范围在 -150—20 mGal 之间。这一纵向结构与东非大裂谷的位置相关，显示这里缺乏高密度岩石。这是因为，裂谷是一个永久延伸的区域，低密度的沉积物构成了潜在的富含碳氢化合物的沉积盆地。

然而，裂谷边缘的布格重力异常值仍为正值，因为这里也是一个火山区，有高密度、富含铁且高度矿化的玄武岩。大湖区包含刚果克拉通以及刚果民主共和国等矿产丰富的国家，这一区域同样受到弱重力异常的影响。这些异常意味着这个地区存在河流沉积盆地和大湖沉积盆地。

这种低重力强度的纵向结构也延伸至非洲南部，反映出卡拉哈里沙漠的存在。同样，西非克拉通北部也有类似的重力特征，对应着萨赫勒和撒哈拉的沙漠地区，它们也是具有高石油潜力的大陆内沉积盆地。

北非也没有置身事外，在那里已发现严重的布格尔重力异常。这反映出地中海沿岸矿化山脉的存在。在阿尔及利亚、突尼斯、摩洛哥、利比亚和埃及也发现了铁等矿藏。

考虑到整个非洲领土上不同密度的岩石空间分布以及重力异常，可推断出非洲是一个矿产资源丰富的大陆。西非科学和技术研究办公室（ORSTOM）制作的西非、中非的布格重力异常图（图24）也显示出这个大陆上具有的矿物财富。

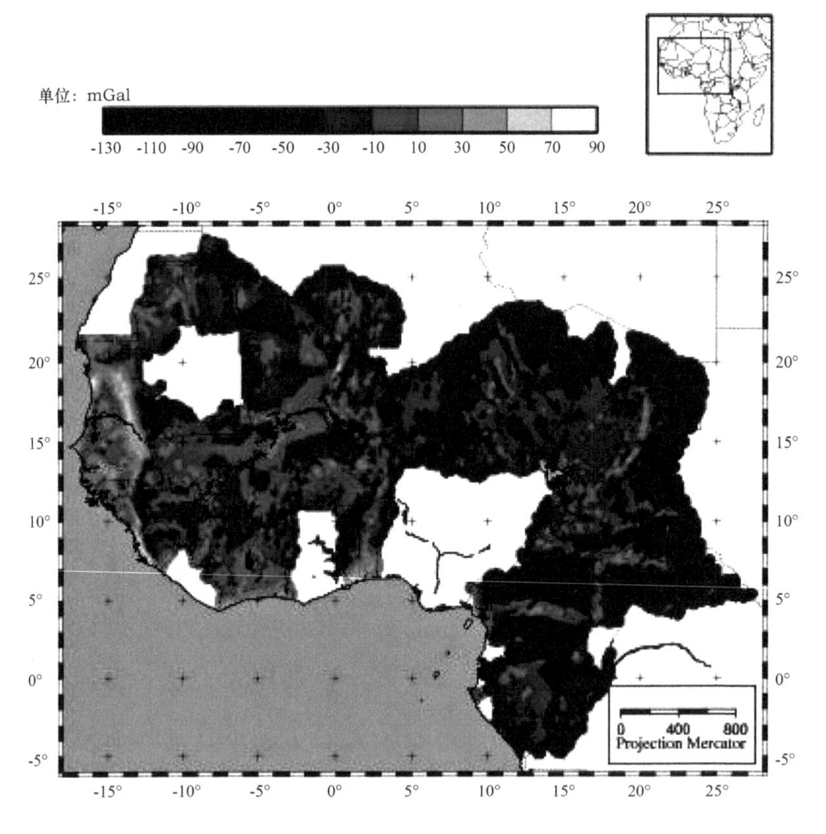

图24 基于ORSTOM的测量结果绘制的西非和中非布格重力异常图（伊夫·阿尔布伊，2012）

在这张地图上，数值为正的重力异常点是浅灰色，数值为负的异常点是深黑色。负异常点表现为轰炸点或岩石地基，如哈加尔或阿达马瓦，或代表海沟，如贝努埃或多巴。

对地球物理学家和地质学家来说，对负布格重力异常的地质解释不是简单的观测，它具有重要的采矿意义。

要知道，哈加尔山富含铁，海拔超过2918米，位于阿尔及利亚南部的撒哈拉地区。

阿达马瓦也是一个富含铁和铝的山地丘陵，从尼日利亚经中非共和国延伸到喀麦隆。

贝努埃海沟和多巴海沟分别是贝宁、尼日利亚和乍得的石油沉积盆地。这些沉积盆地具有战略意义，因为它们贡献了尼日利亚、贝宁和乍得很大一部分的石油生产。

我特别将这些重力异常点、一般的地球物理异常图、地质遗址及其矿物潜力联系起来，再次证明了这片大陆在矿物原料方面的特殊性。

因此，从这些数据来看，对于那些想在未来控制国际矿物原料市场的人来说，非洲是现在必须把握住的未来之大陆。

考虑到非洲的丰富矿产，非洲青年不需要穿越恐怖的撒哈拉沙漠就可以秘密前往欧洲，以争取更好的明天。他们无须跨越汹涌的海洋，也无须在利比亚、摩洛哥和几个北非国家的监狱中备受折磨。唉！今天，在马格里布和欧洲海岸警卫队的监管下，每天都有大量正值壮年的非洲青年死于地中海。

许多非洲年轻人因此失踪，他们的家人再也无法与之相见。一些人葬在沙漠的热沙中，一些人躺在平静的停尸房中，却没有父母应有的悼念。

这些年轻人是非洲的生命力和未来，可非洲正在失去他们，因为非洲大陆的矿产资源开采长期受阻。

2017 年 11 月，记者尼马·厄尔巴吉尔在美国有线电视新闻网上发布了一份调查报告，显示利比亚反叛民兵以低至 400—500 美元的价格出售撒哈拉以南非洲的移民。他们被作为奴隶贩卖给利比亚人做家务和干农活。

奴隶制的受害者往往是黑人，这一古老制度自 1848 年 4 月 27 日废除，但在 2017 年，非洲青年看不到任何就业希望，无所事事，所以这一制度再次出现。

出于报复目的和贫困状态，利比亚人恢复了三角贸易的旧习惯，他们贩卖自己的非洲兄弟，因为他们曾经繁荣的国家在领导人穆阿迈尔·卡扎菲上校死后伤痕累累，极不稳定。这是席卷整个利比亚的内战带来的直接后果。今天，鉴于城市中武装团体的蔓延以及安全方面的无政府状态，这个国家已经名存实亡。

在这一点上，国际社会和联合国犯了一个地缘政治和地缘战略的错误，间接破坏了利比亚的稳定。实际上，利比亚是非洲人向欧洲国家移民的一个障碍。放任北约干预利比亚事务点燃了混乱局面和长期冲突。乔治·克莱门索在 1919 年 7 月 14 日凡尔登的和平演讲中也表达了相同的观点，他说：

> 战争比和平容易。

不幸的是，利比亚人合力摧毁了自己的国家，近十年来每天都在承受其后果。我相信，今日的利比亚人一定追悔莫及。事实上，一个渴望发展的国家必须拥有和平。这对利比亚来说非常遗憾，它的遭遇是其他非洲生产国的反面教材，这些国家目前正在战争的魔爪之下挣扎。

非洲的矿产资源正在有组织地大规模开采。非洲人民意识到了这一点，但奇怪的是，他们并未从中获益，因为开采所得的经济利益分配不均。造成这种经济社会灾难的原因之一是非洲生产国、跨国公司和小型矿业公司之间在暗中迅速扩散的采矿合同。

这种腐败的情况已持续了数十年，这些不平衡、不公平的合同越来越多地在世界各地受到谴责。这种谴责来自非洲和西方的人民以及知识精英，甚至非政府组织和人权办公室。

现在是时候停止这些错误做法了，否则非洲年轻一代的起义和抗议浪潮会在全世界蔓延，特别是非洲地区。

在独立前后，很少有非洲人关注自己国家的经济健康，但这种情况今天已不复存在。在各沙龙、街道、媒体以及社交网络上，每个人都在审视、分析、评论政府的一言一行。此外，新一代非洲青年正在仔细研究世界上的地缘政治运动。他们不愿意再忍受经济层面的不公，想要努力摆脱恶劣的生活条件。因此，只要经济和社会的不平衡继续存在，这些无法再忍受苦难与贫困的非洲年轻人就会继续探寻前往欧洲黄金国的路线，以寻找他们的美好明天。

三　地质和成矿地图：世界银行筹集10亿美元绘制非洲矿产地图时划定非洲采矿区和石油区的工具

21世纪初，非洲是世界上唯一一个凭借矿产资源吸引所有发达国家和国际金融组织关注的大陆。许多国家加大了对非洲国家的发展援助，社会行动和捐款增多，这并非巧合。实际上，相比于已经与非洲合作了数十年的欧洲国家，这些亚洲国家希望可以迎头赶上。

它们想扎根于非洲大陆，因为它们明白，非洲很快就会成为世界的矿物原料主要供应地。因此，当务之急是在非洲找到自己的立足之地。

以下问题有助于我们深入了解为什么西方人在非洲之角采取行动。发达国家自发地在非洲开展活动背后是何动机？它们对非洲有哪些了解，以至于突然提供军事保护以对抗海盗和恐怖分子？为什么反恐斗争集中在非洲的采矿和石油战略区？众所周知，世界银行是一个有声望的机构，为什么它会在没有与发达国家和联合国等国际组织协商和获得事先认可的情况下，决定资助和协助绘制新的非洲矿产资源地图？这些问题答案有很多。

事实上，面对中东地区恐怖主义的兴起和全球化，所有的发达国家和国际组织只能关注非洲的矿产资源，因为这些资源仍未被开发，具有巨大的潜力。我在本书中已经给出了足够的论据来证明非洲的矿产财富。若这些还不够，一本专门介绍非洲石油资源的书即将出版，可以补充论证我的观点。因此，丰富的矿产资源是世界对非洲相互争抢的主要原因。还有其他原因，但其中最明显的是，不论现在还是将来，非洲都是世界的矿产粮仓。

许多人认为非洲已经没有矿物储备了，因为这些矿物已经被开采了数十年。但他们错了，因为这块大陆上遍布矿藏。

由于矿产、经济和人力方面的优势，商业界现在正在非洲开疆拓土，因为它发现了市场和机会。继外交和军事行动之后，一些西方公司搬迁到非洲土地上，这标志着非洲开启新的经济热潮。

除了丰富的矿产资源外，到 2050 年，非洲将可能拥有世界上最多的人口。这十分有利于创业，因为在个人服务、食品服务，甚至在线商业服务方面可能出现商机。人口激增带来的经济影响可能是巨大的，对世界来说是前所未有的。

然而，在回答上述问题时，需要记住的是，发达国家固守非洲主要是因为其矿产资源具有地缘政治性和地缘战略性。

我以前曾将“金属学”定义为有关金属矿床及其成因的科学。这张合成的金属矿床图（图 25）显示了整个非洲金属矿床的分布情况，概述了非洲的矿藏位置，对于非洲以及对非洲矿产感兴趣的矿业公司来说具有象征意义。尽管如此，还是要注意！这张地图是过去绘制的。它是许多研究人员的综合工作成果。因此，它不是世界银行规划的著名的“10亿美元地图”。目前，这个项目正在通过非常先进和复杂的技术手段进行着。

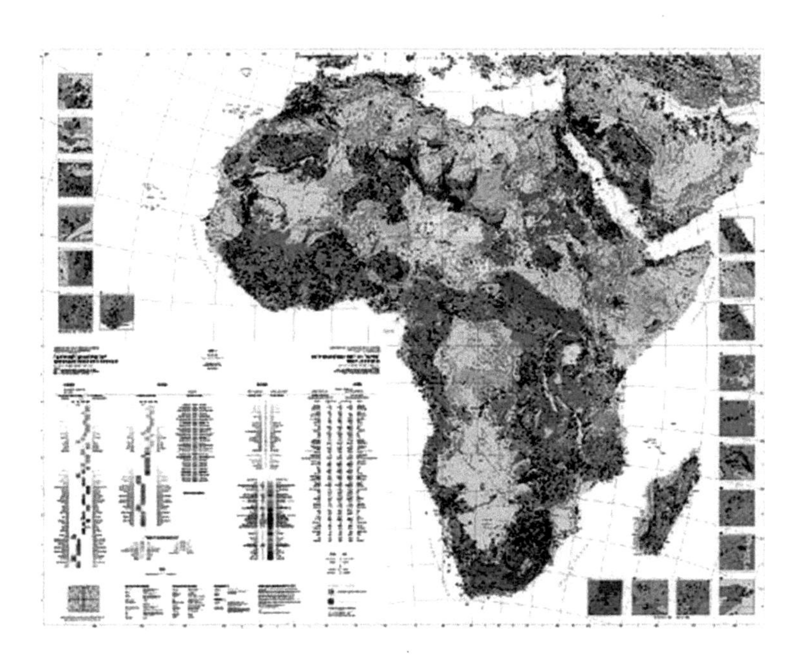

图25　非洲成矿区的国际成矿图［韦塞利诺维奇·威廉姆斯，S. 弗罗斯特·基里安，世界地质地图委员会（CGMW）和南非地球科学委员会，2002］

虽然非洲成矿图是人工合成的初步示意图，但与非洲的国际地质图相比，它仍具备意义。这两张地图清楚地表明，非洲的高矿藏潜力区是相互关联和可叠加的。两张地图上的矿产都位于同一位置，且大多位于地质克拉通处。

我们甚至可以确定西非克拉通的几何形状，因为它在非洲的成矿图和其国际地质图上是一致的。地质图的分析可证实，非洲的矿产潜力源于地质克拉通。由于地质克拉通的侵蚀，这些矿物被输送到沉积盆地或沉积沟中，形成矿床。

非洲的国际地质图也显示出非洲大陆周围的沉积盆地都有很高的石油潜力。在这张地图上，地质克拉通呈深色，沉积盆地呈浅色。所有大西洋或印度洋沿岸的非洲国家拥有或可能拥有石油资源。在这张图上还可以识别出撒哈拉、萨赫勒和卡拉哈里的大陆内沙漠沉积盆地。

若您仔细分析这张地图，就会注意到这些沉积盆地在非洲的金属成矿图上出现在相同的地方。这证明，在更精确的“10 亿美元地图”绘制完成之前，就已经可以确定非洲的矿区位置。

我仍相信，“10 亿美元地图”只会证实几十年来人们对非洲在采矿和石油方面的认知。世界银行牵头实施这一项目并非巧合。

事实上，国际组织比非洲人民更了解非洲，因为它们与非洲领导人就本国发展和经济的敏感问题直接沟通，了解世界各国的自然和经济资产。因此，它们对非洲并不陌生，反而清楚地掌握其所有矿产资源的位置。

“10 亿美元地图”将提供关于非洲矿藏的更多细节，但最重要的是，它将成为非洲生产国、采矿公司、石油公司以及国际金融机构更好地开发非洲大陆矿产资源的工具。

我衷心希望，非洲矿产资源的开发将有效地服务于其经济、社会和基础设施的发展。这也是本书的目标。我的宗旨是让世界看到非洲的采矿潜力，以鼓励西方和非洲公司投资非洲的采矿业。此外，许多国家对非洲矿物原料有着迫切需求，但最重要的是，贫困的非洲人更需要这些矿物原料以促进自身发展。

因此，在回顾了非洲底土的大型采矿综合体后，我们可以再次回到本书的标题——非洲是一个矿产资源出奇富饶的大洲。

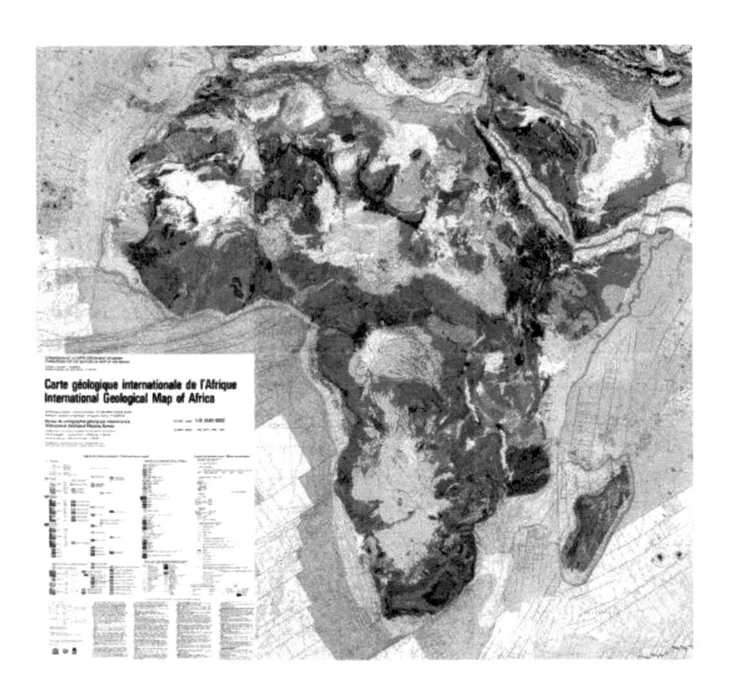

图26 非洲国际地质图［CCMG，UNESCO以及地质与矿产研究局（BRGM），1990］

结　语

非洲矿产资源丰富，但未得到妥善开发。2015 年 2 月，世界银行启动了名为“10 亿美元地图”的项目，它将在地图上确定非洲的所有矿产资源。对此，世界银行石油、天然气和采矿部门主管，也是该项目负责人的保罗·德萨先生毫不犹豫地说：

> 不幸的是，大多数政府不知道非洲底土中有什么。我们认为，如果充分了解非洲国家真正的矿产资源潜力，政府就能与矿场公司达成更好的合作。

他补充说：

> 10 亿美元地图是个非常有吸引力的名字。这个数字有参考价值，并不是确切数值。有人认为 10 亿美元是这个项目能够发现的矿产资源的价值，但我们认为可发掘的资源价值远不止于此，可达数万亿美元。还有人则认为 10 亿美元是这张地图的制作成本。

国际金融机构有意探索非洲矿区，这是非洲各国政府的专属权限，意味着世界已经看见了非洲巨大的采矿潜力。在本书中，我也希望大家可以看到这一点，本书写作的目标也是揭示非洲矿藏的多样性和数量巨大。

在即将出版的书中，我还将讲述非洲的石油潜力，它和非洲的矿产资源一样具有吸引力。

鉴于非洲有利的采矿地质条件以及矿物原料国际市场的发展，非洲现在是跨国公司的焦点。它得到了发达国家地缘政治家和地缘战略家的认可，他们将其视为终极资源。在这些专家眼中，非洲是未来之大陆，可以满足世界对基本金属和战略矿物的需求。

鉴于中东国家恐怖主义抬头，拉丁美洲国家民族主义的霸权，亚洲国家因人口众多而对矿产品的高消费，以及除俄罗斯外的欧洲矿业资源匮乏，非洲确实是世界矿业的希望。

然而，尽管进行了数十年的开采，非洲仍在发展中，大多数非洲人仍然贫穷。对非洲来说，这是一个痛苦的经济和社会现实，也激起了非洲和西方年轻一代知识分子的强烈反应。

事实上，近几十年来，非洲人民对非洲发展的认知正在发生积极改变，逐渐觉醒。在整个非洲大陆和全世界范围内，许多意见领袖和泛非主义团体认为，在非洲的矿产资源如此丰富的情况下，经济如此贫困是不正常的。从前，非洲人民不知道地下蕴藏着巨量的钶钽铁矿、钴、铝土、黄金、钻石或石油。今天，非洲最小城镇的居民和农村居民都已意识到这一点，并希望从其底土的矿物财富中获益。他们要求非洲政府提高采矿利润管理相关信息的透明度。正如一句格言所说：

信息是一种需要透明度的武器。

当人们看到大多数非洲国家的苦难时，其中一些国家几十年来一直是矿产生产国，这种做法是合乎逻辑且合法的。

继独立了几个世纪的发达国家之后，年轻的非洲，包括 1960 年以来大部分独立的国家，正在走向成熟。非洲越来越清晰地意识到自己在未来全球经济中的战略地位，并打算占据一席之地。非洲希望解放自己，真正实现经济和社会的发展，将精力部分集中在矿产资源的开发上，这是前所未有的做法。

最后，我要重申非洲是一个矿产资源出奇富饶的大洲。因此，非洲国家若能尊重以下三个条件，完全可以达到西方国家的发展水平。

第一，非洲人民必须发展教育，消除文盲，它是社会政治冲突和战争的温床。

第二，非洲人必须愿意向他人汲取经验。许多国家因此在很短的时间内提高了发展水平。例如，中国已经开始推动技能和技术的转让，这对一个国家的自主性至关重要。

第三，非洲领导人在管理国家公共财政和重新分配国家财富方面必须遵守善治规则。这是经济、社会和基础设施发展的关键，也是公平公正地分配国家的矿产资源利益的关键。

若非洲将这三点纳入发展计划，它将势不可当地成为地球上最具影响力和吸引力的地方，并在各领域树立起标杆。

我希望我们能在我的下一本书中再见。在本书的最后，我引用一位非洲智者的演讲的一部分。这段演讲意义深刻，充满真理。这是科特迪瓦 1960 年至 1993 年间的总统费利克斯・乌弗埃－博瓦尼先生的讲话。在 20 世纪 80 年代的一次新闻发布会上，1981 年至 1995 年间的法国总统弗朗索瓦・密特朗先生和 1965 年至 1997 年间的扎伊尔（今刚果民主共和国）总统蒙布图・塞塞・塞科先生也在场。他说：

> 我们要求工业化国家，特别是法国，充当非洲与其他欧洲

国家沟通的中间人与倡导者。我们谈论北方和南方的时候，这似乎是件好事！欧洲和非洲！我们请欧洲国家帮助我们培训管理人员。还谈到了技术转让。我们不认可“技术转让”这一说法，因为我们从来没有转让过技术，也并没有将技术转移至日本。我们培训技术和科学干部，他们在现场加工原材料。所以您看，我们虽是“病人”，但耐心且积极。非洲的发展也许会迟到，但绝不会缺席。我们确信，再过20年、30年，最多40年，非洲的目标就会实现；当世界存在了数十亿年时，40年对一个国家来说意味着什么？我们将培养出能够正确对待我们的原材料的人才。到那时，当他们必须讨论钢铁成本，而非铁矿石的成本时，将会发现他们的共同利益。欧洲必须明白，帮助非洲是必要的。欧洲的存亡和非洲的未来都处于危险之中。其中有一个细微的差别。我努力让欧洲的伙伴们明白，最后的斗争不会是真枪实战，而是经济上的争斗。欧洲没有原材料。而美国人虽拥有原材料，但数量不够，无法支持其欧洲盟友。亚洲的情况有所不同。我不打算谈及某些机密。但是即使亚洲有丰富原材料和人口，也无法满足自己的需求。几个世纪以来，在拉丁美洲普遍存在的情况大家都知道。它们也是同一个强大的金融经济集团剥削的受害者，所以也无法解决欧洲的原材料问题。到目前为止，只有非洲是最大的原材料所有者。非洲虽没有完成充分的勘探工作，但我们可以毫无顾忌地说，我们在铁和铝土矿方面处于领先地位。几内亚的铝土矿储备已存在了几个世纪。还有锰、铀……欧洲需要这些原材料为人民、为工人提供工作。试想一下，贫困蔓延，被他人剥削的年轻人起身反抗，也许我想得有点远。而如果这些原材料有一天不能送达欧洲，我们的朋友（弗朗索瓦·密特朗总统）将面临一两百万的失业者。尽管他们意志坚定，但要解决这个问题也并不容易。问题定会解决。但如果欧洲的原材料被剥夺，会导致普遍失业。您自己也清楚这一点。我们正努力使我们的欧洲兄弟明白这一点。我们双方利益一致。他们必须协助我们发展。您提到了粮食的自给自足。我们也意识到了这一点。您认为欧洲伙伴们愿意每年都索要粮食援助吗？他们虽有尊严，但别无选择。我在科特迪瓦说过，这是我们反复说到的一句话：饥饿的人是不自由的。这是事实。我们已摆脱了殖民主义，但在20年后可以认清自己的处境。为了我们生存的必需品，为了食物，为了人民，为了我们的医疗，为了我们的教育，简而言之，为了人类发展所需的条件，我们不得不求助于从前的殖民者。难道您认为我们不知道这样很可悲吗？我们想摆脱这种状况，希望得到帮助。我们之中有些人想要工作，因为工作对他们自己，对他们的生活，甚至生存来说是必要的，但是我们需要帮助。我们不是在请求施舍。我们并不是接受来自约旦河的水却不让任何东西通过的死海。您看，我们谈到了许多图像，您是否想让我这样结尾？在我的国家，我们常说您要喂养自己的孩子，直到他长出牙齿，这样当您牙齿掉光时，他就反过来照顾您。

参考文献

阿尔布伊·伊夫·奥斯托姆：《IRD 在非洲历经六十年的地球物理学研究》，《法国地质学史委员会著作》2012 年第 3 辑第 26 卷第 8 期。

阿尔塞姆·察萨：《战略矿物和关键矿物：非洲的经济武器或权力战略》，《思考非洲研究笔记》第 23 期。

A. S. 奥迪翁、J. F. 拉贝：《与欧洲情报战略公司（CEIS）的外部合作（2012 年）》，《2011 年钨的钨世界市场全景》，公开报告，BRGM/RP－61341－FR，共计 29 张图片，16 张表格，2012 年。

W. 博斯沃思、P. 乌充、K. 麦克雷：《亚丁盆地的红海和海湾》，《非洲地球科学杂志》2005 年第 43 期。

E. 布拉雷斯：《象牙海岸的大陆边缘—加纳。大陆变革的结构和演变》，博士学位论文，巴黎第六大学，1986 年。

E. 布拉雷斯、U. 马斯克尔：《西非大陆边缘的巨变：几内亚—塞拉利昂、科特迪瓦—加纳》，《法国海洋志》，法国海洋开发研究院，第三辑，1986 年。

乔西尔·让·伯纳德：《地理学与地形学的启蒙》，《法国地理和矿物研究局期刊》第 34 期。

国际货币基金组织：《世界经济展望：经济双速复苏、失业、大宗商品和资本流动造成的紧张局势》，国际货币基金组织语言服务部，2011 年。

国际货币基金组织：《世界经济展望：虽然全球经济加快复苏但发展仍不平衡》，国际货币基金组织语言服务部，2014 年。

国际货币基金组织：《世界经济展望：全新动力?》，国际货币基金组织语言服务部，2017 年 4 月。

吉瑞斯・皮埃尔：《西非中部的地质概况》。

路易・塞贡译：《圣经》，日内瓦圣经公会 1979 年版。

莱瓦赫・克莱尔：《尼日尔—阿利特矿业公司概况》，吉帕出版社 2012 年版。

马丁诺・帕特里克：《刚果钶钽铁矿石贸易路线：非洲采矿活动研究小组政策简报》，魁北克大学蒙特利尔分校，2003 年。

杰布拉克・米歇尔：《明天的金属，矿产资源面临的挑战》，杜诺出版社 2015 年版。

中非共和国矿业、石油、能源和水利部：《中非共和国矿产潜力概览》，矿业总局。

科特迪瓦矿业和能源部：《科特迪瓦采矿许可证位置图》，矿业局 2007 年版。

J. P. 米莱斯、P. 莱德鲁、J. L. 费贝斯、A. 多姆曼格特、E. 马库克斯：《西非比里米亚造山带的原始矿床和构造》，《前寒武纪研究》1992 年第 58 期。

莫克塔・迪迪・乌尔德：《阿乌埃瓦特太古绿岩带（塔西亚斯特，毛里塔尼亚北部）的金属学研究》，载西迪・穆罕默德・本・阿卜杜拉硕士论文《大学地球科学与矿产资源》第一章，2009 年。

梦露・迈尔斯：《非凡的潜力》，艾美斯出版社 1998 年版。

莫扬・让・弗朗索瓦：《南非的采矿业》，载元奥多斯协会《短途旅行指南》，2007 年。

濑田・纳巴：《布基纳法索东部花岗岩的磁性和结构特征（西非克拉通，2.2—2.0Ga）：地球动力学的影响》，博士学位论文，图卢兹大学，2007 年。

奥鲁・让・弗朗索瓦，佩隆・雷米、根蒂尔霍姆・菲利普：《非洲地缘政治》，《非洲当代》2007 年第 221 期。

帕蓬等：《科特迪瓦西南部的地质学与矿化研究》，《法国地理和矿物研究局期刊论文》1973 年第 80 期。

路易斯・巴斯德：《巴斯德作品集第 7 卷》，马森出版社 1929—1932 年版。

佩勒林・马修：《加纳，一个蓬勃发展的石油富国，欧洲治理和能源地缘政治》，www. ifi. org，www. connaissancesdesenergies. org，2011 年 12 月。

皮松・吉尔斯：《今天有七十亿人口，明天将有多少人?》，《人口与社会》第 482 期，联合国，2011 年 10 月。

皮松・吉尔斯：《世界各国关于世界人口的统计表各不相同?》，《人口与社会》第 525 期，联合国，2015 年 9 月。

G. 罗奇：《关于地质年代测量法的试验》，《西非的地质构造》，载《国际地质年代学合集》，南希地球科学研究中心，1965 年。

D. 西西里等：《远热点地区的横波速度和各向异性分层的上地幔结构研究》，《构造物理学》，2008 年。

塔吉尼・伯纳德：《象牙海岸地质构造图》，科特迪瓦矿业发展局（Sodemi）报告，阿比让，第 107 期，1967 年。

姚博等人：《科特迪瓦的矿物、石油、天然气资源以及水资源污染和洪涝灾害研究》，《地质生态学杂志》第 38 辑第 1 期，2014 年。

本书的某些段落受到以下网站的启发，在此对文章的作者表达诚挚的感谢。

http：//www. un. org/apps/newsFr/storyF. asp？ NewsID = 39703 #. WZ-LKT1VJaM8.

https：//wikileaks. org/car-mining/index. fr. html#areva.

https：//www. youtube. com/watch？ v = KSJlqnY7cRI&t = 908s.

https：//www. youtube. com/watch？ v = Youz2C8JdS4.

https：//www. youtube. com/watch？ v = SA-OdNCo2t0.

https：//www. youtube. com/watch？ v = iZ7sYJXEY4U.

https：//fr. wikipedia. org/wiki/Susceptibilit% C3% A9 _ magn% C3% A9tique#Exemples_de_mat. C3. A9riaux.

http：//www. delta-service17. com/gt-champ-magnetique-terrestre/s31. html.

http：//www. connaissancedesenergies. org/fiche-pedagogique/plateform-es-petrolieres.

http：//www. connaissancedesenergies. org/le-ghana-une-democratie-pe-troliere-en-devenir.

http：//www. memoireonline. com/04/11/4435/Extraction-petroliere-et-protection-del'environnement-dans-le-golfe-de-Guinee. html.

http：//euromin. w3sites. net/Nouveau _ site/gisements/congo/GISCO-Nf. htm.

http：//www. jeuneafrique. com/297378/economie/kosmos-annonce-une-de-couverte-de-gaz-au-senegal/.

http：//www. 20minutes. fr/planete/894997 – 20120309-maroc-argent-profite-villageois.

http：//www. scidev. net/afrique-sub-saharienne/sciences-de-la-terre/ac-tualites/la-banque-mondiale-va-lancer-un-projet-de-cartographie-desmin-raux-en-afrique. html.

http：//www. jeuneafrique. com/456840/politique/chine-envoie-soldats-a-djibouti-premiere-base-a-letranger/.

https：//www. lesechos. fr/monde/afrique-moyen-orient/030443417396-la-chine-deploie-des-soldats-a-djibouti-sa-premiere-base-militaire-a-letranger-2101696. php.

http：//www. lemonde. fr/afrique/article/2017/07/17/djibouti-l-avant-poste-militaire-de-la-chine-en-afrique_5161535_3212. html.

http：//www2. ggl. ulaval. ca/personnel/bourque/s3/combustibles. fossiles. html. ,

http：//www2. ulg. ac. be/geolsed/sedim/sedimentologie. htm.

https：//www. u-picardie. fr/beauchamp/cours-sed/sed-1. htm.

http：//www. geolalg. com/chabou/terre3. pdf.

http：//www. afrique7. com/economie/1907-burundi-une-nouvelle-manne-le-nickel. html.

http：//www. agenceecofin. com/nickel/0312 – 24814-cameroun-geovic-mining-corp-abandonne-le-projet-d-exploitation-du-nickel-et-cobalt-de-nkamouna.

https：//www. ined. fr/fr/tout-savoir-population/chiffres/tous-les-pays-du-monde.

http：//www. courrierinternational. com/article/republique-democratique-du-congo-le-scandaleux-business-du-cobalt.

http：//www. jeuneafrique. com/294849/societe/rdc-amnesty-denonce-lexploitation-denfants-mines-de-cobalt/.

http：//www. bfmtv. com/international/en-rdc-des-enfants-dans-l-enfer-des-mines-de-cobalt 1112072. html.

http：//ici. radio-canada. ca/nouvelle/760431/cobalt-mines-republiquecongo-batteries-apple.

http://www.rfi.fr/afrique/20160119-amnesty-denonce-le-travail-enfants-mines-cobalt.

http://www.rfi.fr/emission/20160531-rdc-chine-vise-le-cobalt-plus-le-cuivre-tenke.

http://partage-le.com/2016/11/le-cobalt-le-congo-les-couts-socio-ecologiques-de-la-high-tech-par-le-washington-post/.

https://www.washingtonpost.com/graphics/business/batteries/congo-cobalt-mining-for-lithium-ion-battery/.

https://www.mays-mouissi.com/2016/02/23/afrique-classements-des-pays-producteurs-de-matieres-premieres/.

http://www.collectif-communiste-polex.org/afrique/coltan.htm.

http://www.jeuneafrique.com/257206/economie/côte-divoire-glencore-sort-du-projet-minier-de-sipilou/.

https://vacradio.com/côte-divoire-le-geant-suisse-glencore-cede-sa-mine-ivoirienne/.

https://www.memoireonline.com/07/09/2338/m_Perometallographie-de-la-ceinture-de-roches-vertes-archeenne-dAoueouat-Tasiast-nord-de-la-Mau1.html.

http://tpe.legtux.org/formation.php.

http://www.gemmantia.com/Diamant/formation-du-diamant.html.

http://www.diamants-infos.com/brut/exploitation.html.

http://www.futura-sciences.com/planete/dossiers/geologie-diamants-canape-772/page/9/.

http://www.irinnews.org/fr/report/83546/sierra-leone-les-chercheurs-de-diamantsd%C3%A9laissent-les-mines-pour-les-champs.

http://www.rubel-menasche.com/fr/industrie/brut/la-sierra-leone-se-transforme-en-producteur-de-diamants-axe-sur-les-ressources-primaires/.

https：//www. cairn. info/revue-afrique-contemporaine-2007-1-page-173. htm.

http：//blog. diamant-gems. com/diamants-de-sang/.

http：// www. jeuneafrique. com/302931/economie/angola-decouverte-dun-diamant-de-plus-de-400-carats/.

https：//www. subtil-diamant. com/guide-les-mines-de-diamants-33. htm.

http：//www. gemmantia. com/Diamant/diamant-angola. html，http：// www. gemmantia. com/kimberley-process-cites. html.

http：//www. px3. fr/winners/zoom2. php? eid = 1 – 40284 – 13&uid = 3243298&cat = Press.

http：//www. lemoci. com/actualites/actualites/tendance-secteur-lafrique-sera-incontournable-pour-le-platine-le-cobalt-le-manganese-et-le-diamant/.

http：//www. slateafrique. com/684089/plus-grand%20gisement-fer-monde.

https：//fr. wikipedia. org/wiki/Fer.

http：// www. jeuneafrique. com/361675/economie/congo-exxaro-revend-projet-de-minerai-de-fer-de-mayoko-a-sapro/.

https：//fr. wikipedia. org/wiki/Gisement_de_fer_ruban%C3%A9，http：// www. rfi. fr/afrique/20140527-guinee-le-geant-rio-tinto-obtient-exploitation-une-mine-fer.

http：// www. agenceecofin. com/fer/1004 – 10146-l-algerie-pointe-les-3-milliards-de-tonnes-de-minerai-de-fer-des-gisements-au-sud-est-de-tindouf.

http：// www. lemonde. fr/economie/article/2007/11/12/les-principaux-gisements-deminerais_977153_3234. html.

http：// www. lapresse. ca/sciences/decouvertes/201606/28/01 – 4996195-decouverte-dun-enorme-gisement-dhelium-en-tanzanie. php.

http：// www. leblogfinance. com/2016/06/tanzanie-decouverte-majeuredun-gisement-dhelium-revolution-a-prevoir. html.

http: // www. sciencesetavenir. fr/high-tech/l-helium-un-gaz-crucial-pour-le-medical-et-lelectronique_36684.

http: // www. futura-sciences. com/sante/questions-reponses/sante-helium-change-t-il-voix-6221/.

http: // www. atlantico. fr/decryptage/gigantesque-gisement-helium-ete-decouvert-en-tanzanie-et-en-soupconnez-pas-impact-notre-quotidien-atlantico-2750722. html.

http: // www. directmatin. fr/monde/2016 – 06 – 28/un-gigantesque-gisement-dhelium-decouvert-en-tanzanie-733110.

http: // www. lapresse. ca/sciences/decouvertes/201606/28/01 – 4996195-decouverte-dun-enorme-gisement-dhelium-en-tanzanie. php.

http: // www. lemonde. fr/accesrestreint/afrique/article/2013/05/07/332498beb7101cf2a9eaf74eb682e2cf_3172765_3212. html.

https: // www. amnesty. org/fr/latest/news/2016/01/child-labour-behind-smart-phone-and-electric-car-batteries/.

https: // www. planetoscope. com/matieres-premieres/671-production-mondiale-de-lithium. html.

http: // www. cavie. org/index. php/fr/matieres-premieres/445-birimian-ltd-gagne-le-jackpot-sur-le-lithium-a-bougouni-au-mali.

https: // intellivoire. net/birimian-recoit-une-offre-pour-vendre-son-gisement-de-lithium-de bougouni/.

https: // www. letemps. ch/economie/2017/02/13/lithium-cobalt-producteurs-doivent-faire-face-leurs-responsabilites.

http: //geoconfluences. ens-lyon. fr/doc/territ/FranceMut/popup/Iter3. htm.

http: // www. enerzine. com/14/8538 + le-lithium-nouvel-eldorado-ou-mirage-ephemere +. html.

https: // www. africaintelligence. fr/AMF/exploration-et-production/2017/04/04/qui-est-nashwan-nouvel-operateur-du-lithium-a-bougouni, 108228548-ART.

http: //waihsa. com/baraberie. php.

http: // afrique. latribune. fr/economie/2017 - 02 - 14/mines-le-rwanda-annonce-la-decouverte-de-terres-rares-et-pierres-precieuses. html.

http: //www. gnesg. com/index. php? option = com_content&view = article&id = 60: y-a-t-il-assez-de-lithium-sur-terre-pour-fabriquer-des-batteries-pour-lautomobile-&catid = 29: le-vehicule electrique&Itemid = 56.

http: // www. leblogfinance. com/2013/01/mali-un-pays-riche-en-petrole-en-gaz-et-en-minesdor. html.

http: // www. rfi. fr/emission/20150618-le-gabon-manganese-eramet-minerai.

http: //continent-noir. com/2015/07/27/le-manganese-pierre-precieuse-dafrique-du-sud/.

http: //www. cultures-et-croyances. com/etude-aprs-les-brics-voici-le-manganese-lafrique-nouvelle-prend-son-envol/.

https: //fr. wikipedia. org/wiki/Mangan% C3% A8se.

http: //www. rfi. fr/afrique/20160811-mines-cuivre-velanta-enjeux-elections-zambie-pollution-dechets-toxiques.

http: // www. agenceecofin. com/cuivre/2406 - 39086-zambie-une-nouvelle-mine-de-cuivre-sera-construite-a-mufulira.

http: // www. agenceecofin. com/cuivre/0508 - 39947-zambie-glencore-suspend-les-operations-a-sa-mine-de-cuivre-mopani.

https: //fr. wikipedia. org/wiki/Mine_de_Chambishi.

http: // www. lemonde. fr/planete/article/2016/07/20/en-zambie-dans-l-enfer-des-mines-de-cuivre_4972153_3244. html.

http: // afrique. latribune. fr/entreprises/industrie/electricite-/-electronique/2017 – 02 – 17/namibie-deep-south-met-la-main-sur-le-gisement-de-cuivre-de-haib. html.

http: // www. rfi. fr/emission/20150908-cuivre-glencore-suspend-production-gisements-afrique-rdc-zambie.

http: // www. couloirdafrique. com/2016/02/25/economie-11-pays-dafrique-les-plus-riches-en-mineraux/.

http: // www. diascongo. com/index. php? option = com_content&view = article&id = 2651: la-rdc-dispose-dune-de-plus-grandes-mines-dor-dafrique&catid = 53: actualite&Itemid = 216.

http: // www. 24-carats. fr/production-mondiale-2014. html.

http: // www. afrik. com/article12694. html.

https: // or-argent. eu/les-plus-gros-producteurs-dor-du-monde-par-pays-mine-et-societe/.

https: // www. youtube. com/watch? v = WPYNSkNt6QU.

http: // www. jeuneafrique. com/26769/economie/rd-congo-les-travaux-commencent-kibali/.

http: // www. jeuneafrique. com/17952/economie/rd-congo-une-bouteille-de-vin-sud-africain-pour-la-mine-de-kibali/.

http: // www. jeuneafrique. com/7185/economie/vid-o-reportage-kibali-dans-la-plus-grande-mine-d-or-d-afrique/.

https: // www. orobel. biz/info/actualite/orobel/top-10-des-plus-grandes-mines-d-or-du-monde. html.

https: // www. google. fr/#q = GISEMent + d'or + Afrique&start = 30.

http: // www. financialafrik. com/2017/03/23/côte-divoire-didier-drogba-augmente-ses-parts-dans-la-mine-dor-dity/#. WXbmSoTyiM9.

http: // www. afrique-sur7. fr/47117/côte-divoire-didier-drogba-acquiertdes-parts-de-letat-a-la-mine-dor-dity/.

https：// www. lesechos. fr/08/01/2014/lesechos. fr/0203230640370 _ didier-drogba-investit-dans-une-mine-d-or-en-côte-d-ivoire. htm.

http：// africadaily. news/mines-dor-dity-la-côte-divoire-cede-ses-parts-a-didier-drogba/.

http：// www. ivoirematin. com/news/Societe/mine-d-rsquo-or-d-rsquo-ity-les-parts-de_n_19263. html.

http：// www. africatopsuccess. com/2017/03/23/mine-dor-dity-voici-ce-que-gagne-didier-drogba/.

http：// www. jeuneafrique. com/mag/409250/economie/mines-sherritt-na-gagne-pari-malgache/.

http：// www. usinenouvelle. com/article/norilsk-cherche-le-nickel-en-afrique. N20755.

http：// www. marcoserra. eu/jaw/6202/minerai-de-nickel-en-afrique-de-l-uest. html#nogo.

http：// www. rfi. fr/afrique/20151203-madagascar-mine-ambatovy-nickel-difficulte-financiere-tim dobson.

http：// www. rfi. fr/economie/20150607-madagascar-nickel-ambatovy-mine-moramanga.

http：// www. agenceecofin. com/nickel/1210-41601-faute-de-moyens-financiers-le-botswana-abandonne-l-acquisition-de-la-mine-de-nickel-nkomati.

http：//www. slateafrique. com/97997/economie-ambatovy-un-espoir-pour-madagascar.

http：// www. lemonde. fr/afrique/article/2015/03/25/a-madagascar-des-ouvriers-en-greve-bloquent-la-mine-d-ambatovy_4601225_3212. html.

http：// burundi-agnews. org/economie/burundi-gisements-de-180-millions-de-tonnes-de-nickel-a-musongati/.

http://www.isanganiro.org/spip.php?article7131.

http://www.industriall-union.org/fr/6000-emplois-condamnes-dans-les-mines-detat-du-botswana.

http://fr.allafrica.com/stories/200806021562.html.

http://www.geovic.net/projects.php.

http://fr.allafrica.com/stories/200704100461.html.

http://or-argent.eu/les-plus-gros-producteurs-dor-du-monde-par-pays-mine-et-societe/.

http://www.afrik.com/article12694.html.

https://www.orobel.biz/info/afrique.html.

https://www.cafedelabourse.com/archive/article/dix-premiers-pays-producteurs-.

http://www.rfi.fr/afrique/20140916-diplomatie-russe-serguei-lavrov-mugabe-zimbabwe-platine-mine-Rushchrome-gisement-darwendale.

http://www.persee.fr/doc/linly_0366-1326_1985_num_54_6_10702.

http://www.ladepeche.fr/article/2014/06/13/1899766-afrique-sud-fin-greve-vue-chez-mineurs-platine.html.

https://www.planetoscope.com/matieres-premieres/165-production-mondiale-de-platine.html.

http://jfmoyen.free.fr/IMG/pdf/extrait-mines.pdf.

http://www.jeuneafrique.com/296553/politique/afrique-sud-4-morts-lincendie-souterrain-dune-de-platine/.

http://www.bbc.com/afrique/region/2015/10/151007_safrica_mining.

http://www.rfi.fr/afrique/20120831-afrique-sud-production-platine-mine-marikana-toujours-arret.

http://www.bilan.ch/entreprises/glencore-va-fermer-de-platine-afriquesud.

http：//www. lemonde. fr/afrique/article/2014/07/21/le-numero-un-du-platine-vend-ses-principales-mines-en-afrique-du-sud_4460745_3212. html.

http：//www. lepoint. fr/automobile/actualites/mines-de-platine-afrique-du-sud-quatre-entreprises-suedoise-montrees-du-doigt-30-10-2013-1749997_683. php.

https：//fr. wikipedia. org/wiki/Gr% C3% A8ve_des_mineurs_% C3% A0_Marikana.

http：//www. lerevenu. com/bourse/or-et-matieres-premieres/amplats-le-leader-du-platine-fait-grise-mine.

http：//www. capital. fr/entreprises-marches/anglo-american-va-ceder-des-mines-de-platine-en-afrique-du-sud-949833.

https：//www. challenges. fr/monde/la-tension-persiste-dans-les-mines-de-platine-d-afrique-du-sud_155847.

http：//www. africaneconomicoutlook. org/fr/statistiques.

http：//www. rfi. fr/emission/20150526-afrique-pleine-croissance-economique-demographique/.

http：//www. banquemondiale. org/fr/region/afr/overview.

http：//www. slateafrique. com/33995/top-10-meilleures-economies-africaines.

https：//www. bangsbusinesstv. com/titane-lafrique-notamment-la-sierra-leone-recele-les-plus-importants-gisements-de-ce-minerai-hautement-strategique/.

http：//www. lemonde. fr/planete/visuel/2016/05/23/sur-la-côte-sud-africaine-conflit-sanglant-autour-d-un-projet-de-mine-de-titane_4924734_3244. html.

http：//crushersludgeinlet. club/5685_mine-de-titane-en-afrique-du-sud. html.

http：//www. rfi. fr/afrique/20110708-gisement-minier-exceptionnel-decouvert-madagascar.

http：//www. agenceecofin. com/titane/1403 – 9553-kenya-la-mine-de-kwale-prevoit-ses-premieres-livraisons-de-titane-en-fin-d-annee.

http：//www. persee. fr/doc/linly_0366 – 1326_1985_num_54_6_10702.

http：//fr-fr. topographic-map. com/places/C%C3%B4te-d'Ivoire-18432/.

https：//www. cairn. info/revue-afrique-contemporaine-2007 – 1-page-173. htm.

https：//fr. wikipedia. org/wiki/Mine_d%27uranium_d%27Imouraren.

http：//www. sortirdunucleaire. org/Les-mines-d-uranium-a-l-etranger-l.

https：//afriquedecryptages. wordpress. com/2014/09/09/uranium-du-niger-areva-en-position-de-faiblesse/.

http：//geopolis. francetvinfo. fr/areva-au-niger-et-luranium-darlit-12195.

http：//www. gitpa. org/web/NIGER%20Mines%20d%27Arlit. pdf.

https：//fr. wikipedia. org/wiki/R%C3%A9acteur_nucl%C3%A9aire_naturel_d%27Oklo.

http：//www. bumigeb. bf/textes/perkoa2. htm.

http：//www. ecodufaso. com/perkoa-premiere-mine-de-zinc-dafrique-de-louest-avec-63-millions-de-tonnes/.

http：//www. jeuneafrique. com/22570/economie/burkina-faso-la-mine-de-zinc-de-perkoa-entre-en-production/.

http：//www. rfi. fr/emission/20170317-glencore-etend-son-controle-le-zinc-africain.

http：//www. rfi. fr/emission/20160907-epuisement-mines-zinc-galvanise-cours.

http：//www. burkina-emine. com/？ p =2802&lang = fr.

http：//news. aouaga. com/h/4728. html.

http：//www. businesscoot. com/mines-en-afrique-or-zinc-307.

https：//fr. wikipedia. org/wiki/%C3%89tats-Unis.

https：//fr. wikipedia. org/wiki/Russie.

https：//fr. wikipedia. org/wiki/Br%C3%A9sil.

https：//fr. wikipedia. org/wiki/France.

https：//fr. wikipedia. org/wiki/Canada.

https：//fr. wikipedia. org/wiki/Inde.

https：//fr. wikipedia. org/wiki/Australie.

https：//fr. wikipedia. org/wiki/Chine.

http：// www. parismatch. com/Actu/Economie/L-Inde-deviendra-la-5eme-puissance-economique-mondiale-en-2018-1426580.

https：// www. agenceecofin. com/metaux/0610 – 50910-mali-la-construction-de-la-mine-de-lithium-de-goulamina-commencera-mi-2019-pfs.

http：// www. lemonde. fr/afrique/article/2009/07/13/l-afrique-n-a-pas-besoin-d-hommes-forts-mais-de-fortes-institutions_1218281_3212. html.

http：// www. visionguinee. info/2014/04/25/sable-mining-croit-passer-a-la-production-commerciale-du-fer-de-nimba-vers-fin-2015/.

http：//www. france24. com/fr/20170711-macron-croissance-afrique-probleme-nombre-enfants-africaines-developpement.

https：// www. vivalatina. fr/blogs/blog-bijoux-argent/36143557-le-carat-du-diamant-unite-de-poids-utilise-en-joaillerie.

https：//www. vivalatina. fr/blogs/blog-bijoux-argent/17794200-les-24-carats-de-lor-definition-de-la-purete-du-metal-precieux.

https：//www. histoire-en-citations. fr/citations/clemenceau-il-est-plus-facile-de-faire-la-guerre-que-la-paix.

致　谢

感谢我未来的妻子以及在我内心深处、等待降临到这个世界上的孩子们。孩子们，愿上帝赐予你们才能和天赋，能够在你们这一代大显身手，造福你们的同胞。

感谢我的父母，我的父亲夸库·埃巴（Kouakou Eba）以及我的母亲波利娜·迪亚·阿格巴希·埃巴（Pauline Dia Agbass Iépouse Eba），感谢我的三个兄弟阿尔诺·埃巴（Arnaud Eba）、里什蒙·埃巴（Richmond Eba）和卢克–艾梅·埃巴（Luc-Aimé Eba），感谢我的姐妹埃洛迪·埃巴（Elodie Eba），感谢我的叔叔费迪南·科菲（Ferdinand Koffi）、费南·库阿希（Fernand Kouassi）、阿玛杜·阿利亚居伊·瓦塔拉（Hamadou Alliagui Ouattara）以及他的妻子玛伊穆娜·卡洛戈·瓦塔拉（Maïmouna Kalogoépouse Ouattara），感谢他们的支持、建议、信任和鼓励。

感谢西西弗集团（Sisyphe）的总裁让–弗朗索瓦·马雷吉奥诺（Jean-François Maregiano）先生。他的集团旗下包括JFM咨询公司和JFM Nopi公司，感谢他从我2013年大学毕业起就相信我的能力，并在我工作几年之后委托我担任JFM Nopi公司的副主管职位。

感谢GTA能源公司的总裁大卫·贝莱什（David Bellaisch）先生，感谢他给予的信任，让我担任其公司管道监测部门的副主管职位。

感谢法学博士娜迪亚－伊内·戈乌鲁（Nadia-Inès Gohourou）女士，感谢她在本书写作期间夜以继日地提供帮助，在我每一个痛苦的不眠之夜牺牲自己的时间，给予我法律建议和精神支持。

感谢绘图设计师杰罗姆·拉博纳（Jérôme Labonne）先生，感谢他设计并修改本书正文中的大部分插图。

感谢我的属灵家庭基督教影响中心（Impact Centre Chrétien，ICC），他们的教义极大地帮助我更加清晰和坚定这个童年梦想。

感谢世界上所有诸如演说家约翰·麦斯威尔（John Maxwell）、神父迈尔斯·门罗（Myles Monroe）博士等的领导者和指导者，他们的著作和建议让我的幻想和人生计划得以圆满实现。

感谢所有或近或远、认识或不认识的人们。多年来，他们用自己的实际行动帮助我找出那些隐藏在我的内心深处、我的思想抽屉里的所有知识、能力、天赋和设想。

最后，感谢造物主，他将生命的气息赐予大地上的每一个人，没有他，就没有真正的喜乐与内在的平和。他是所有想法的源泉，从我写下本书的第一页开始，这些想法便浮现在我的脑海中，让我得以按部就班地完成这部著作。他是所有灵感的传授者，这些灵感让我能够写下本书中最优美的段落。也正是我的生命中他的存在和他的价值观，使我意识到，一个人之所以能够在这片土地上寻找到无价的宝藏，那是因为对同类的深深爱意是指导行动重要的道德准则。在关于同类爱的价值观逐渐消失的当今世界，对同胞的爱是每个人都应当不断地、充分地向他者展现的必要性格特征。

译后记

这本《非洲：一个矿产资源出奇富饶的大洲》一书，在经历了两年多的基础翻译、专有名词分类以及综合统稿之后，终于要与读者见面了。

作为译者，我首先要感谢中国非洲研究院的信任以及北京外国语大学非洲学院的支持。作为中国非洲研究院文库·学术译丛之一，本书的内容聚焦于非洲的矿产资源种类、地理分布、储量等常识的介绍，对于国内有兴趣的读者来说，无疑是一本有价值的文献类参考书。特别感谢北京外国语大学非洲学院李洪峰教授等对本书的翻译路径设计提供了科学严谨的专业指导。

作为翻译团队的负责人，我还要感谢我的团队专业敬业的工作。其中南京大学法语专业博士生徐晨负责第一章的基础翻译部分，上海外国语大学高翻专业研究生杨舒贺负责第三章的基础翻译部分；四川外国语大学世界法语区发展研究中心的王世伟老师和法语学院研究生张光德则协助我做了大量后期修改的工作。

最后我要感谢中国社会科学出版社范晨星编辑团队为本书最终付梓所付出的艰苦努力！谨以此书献给即将召开的中非合作论坛北京峰会！

游　滔

2024 年 3 月 31 日于重庆